长江三峡库区森林生态系统研究系列

长江三峡库区森林生态系统研究

Ⅰ 植被、土壤与森林生产力

肖文发　程瑞梅　潘　磊
雷静品　王鹏程　刘建锋　著

科学出版社

北　京

内 容 简 介

本书是基于森林生态学理论，在充分调研和野外试验的基础上，对长江三峡（简称三峡）库区森林植被及其生长、生产力、土壤、珍稀濒危植物等进行了系统研究，探讨了三峡库区森林植物群落数量分类、多样性及生长与气候变化、森林生产力动态及模拟、森林土壤养分及分布、珍稀濒危植物特征等。系统揭示了三峡库区森林植被特征，为三峡库区森林植被恢复提供了重要依据。

本书是森林生态学理论在三峡库区森林植被恢复及重建规划与设计中的研究成果，是森林生态学研究人员、植被恢复设计人员的重要参考资料，也可供高等院校师生借鉴。

图书在版编目（CIP）数据

长江三峡库区森林生态系统研究. I，植被、土壤与森林生产力/肖文发等著. —北京：科学出版社, 2018. 1

（长江三峡库区森林生态系统研究系列）

ISBN 978-7-03-054717-0

Ⅰ. ①长…　Ⅱ. ①肖…　Ⅲ. ①三峡水利工程–森林生态系统–研究　Ⅳ. ①S718.57

中国版本图书馆 CIP 数据核字(2017)第 244315 号

责任编辑：张会格　白　雪 / 责任校对：郑金红
责任印制：张　伟 / 封面设计：耕者设计工作室

科学出版社 出版
北京东黄城根北街 16 号
邮政编码: 100717
http://www.sciencep.com

北京教图印刷有限公司 印刷
科学出版社发行　各地新华书店经销
*
2018 年 1 月第　一　版　开本：B5 (720×1000)
2018 年 1 月第一次印刷　印张：8 3/4　插页：2
字数：250 000

定价：98.00 元

(如有印装质量问题，我社负责调换)

前　言

长江三峡水利枢纽工程是治理和开发长江的关键性骨干工程，具有防洪、发电、航运及水资源利用等综合效益，是举世瞩目的特大型水利水电工程。随着三峡大坝的兴建与蓄水运行，三峡水库生态环境问题日益受到关注，其中长江三峡库区森林生态系统是国内外关注和研究的热点之一。

事实上，对于修建大坝的利与弊的争论一直未间断。首先，大坝对生态和环境的影响，很难用单一标准来综合衡量和测算。其次，目前人类还只是在观测大坝的近期后果，而对大坝的远期影响还很难预测判断，因为有些影响在大坝建成后的几十年内可能还不明显或尚未显露。第三，如何准确可靠地观测生态和环境的变化还是一个难题，尚有很多数据的观测分析有待探讨研究。第四，究竟以哪些数据信息来对超大型水利设施的效果进行科学公正的评估，如何权衡、判断利与弊，到底利多大、弊多深，利能否抵消弊，这些问题尚需深入探讨。因此，本书是关于三峡库区森林生态系统的阶段性研究成果。

本书依托科技部“十一五”国家科技支撑计划项目、国家林业局公益项目、国务院三峡水利建设委员会办公室及国家林业局发展规划与资金管理司联合资助的三峡库区陆生动植物监测项目等，对长江三峡库区的森林生态系统开展了系统的调查与研究，针对三峡库区主要森林植被、珍稀濒危植物、森林生产力、森林土壤等进行了系统研究，研究结果对掌握水库蓄水前后三峡库区生态系统变化的时空规律具有重要意义，同时也为库区的环境建设与监督管理提供依据。

本书在编写过程中，在中国林业科学研究院森林生态环境与保护研究所的主持下，在湖北省林业科学研究院、中国林业科学研究院林业研究所、华中农业大学等单位的共同参与下，开展了大量的野外实地调查，同时进行了系统的数据分析和归纳总结，更加全面系统地向读者展示关于三峡库区森林植被研究的最新进展与成果。

本书适合从事生态学研究、林业研究的科研院所及高等教育院校的职工及学生参考和阅读。

本书主要的撰写人员有：肖文发研究员、程瑞梅研究员、潘磊研究员、雷静品研究员、王鹏程研究员、刘建锋副研究员等。

外业调查与数据采集工作得到了国家林业局、湖北省林业厅、重庆市林业局、湖北省秭归县林业局等单位的大力支持与协助，在此一并表示衷心的感谢！

著　者

2017年5月

目　　录

第 1 章　三峡库区森林植被

三峡库区地处中亚热带范围之内，气候温暖、湿润、雨量充沛。在海拔 500m 以下的地带，年平均湿度 17～18℃，年降水量 1000～1200mm。≥10℃的年积温达 5000～5800℃，无霜期长达 300 天以上。因此，植被繁茂，呈现四季皆绿的亚热带植物景观。该区由于热量丰富，沿长江低海拔河谷尚有荔枝、龙眼、香蕉等喜热性水果分布，尤其是柑橘园和各类竹林更使亚热带植被特色突出。

在地质历史的巨变中，地处低纬度和具有以石灰岩为主的复杂多样地形的川东—鄂西地区，自第三纪以来，直接受第四纪冰川的影响相对较小，而成为著名的第三纪植物的“避难所”，富集了不少形态演化上原始、分类系统上孤立的古老孑遗和我国特产的珍贵稀有植物种类，如银杉（*Cathaya argyrophylla*）、水杉（*Metasequoia glyptostroboides*）、黄杉（*Pseudotsuga sinensis*）、珙桐（*Davidia involucrata*）、水青树（*Tetracentron sinense*）、连香树（*Cercidiphyllum japonicum*）、鹅掌楸（*Liriodendron chinense*）等，从而闻名于世。加之该区处于中国—日本和中国—喜马拉雅植物区系的交汇处，植物区系的组成成分既丰富、多样，又具交汇性与过渡性，因而亚热带至寒温带性质的植物种类在区内也有分布。

但是，该区农业开发历史悠久，自然植被受人为干扰极大，亚热带常绿阔叶林在开垦中多已消失，目前仅在局部沟谷陡坡、风景名胜地尚有少量分布。在低山丘陵分布大量人工营造的马尾松、柏木、杉木，随着海拔的升高，被以华山松为主的针叶林所取代。该区农业植被十分发达，以柑橘、油桐、乌桕、茶叶等为大宗的经济林木。这些作物栽培历史悠久，具较大生产潜力。由于大量开垦，自然植被急剧减少，生态环境破坏严重。

根据《中国植被》一书中所划分的植被分类系统及单位，三峡库区植被共分为 5 个植被型组、7 个植被型、20 个植被亚型、34 个群系组、138 个群系。

1.1　三峡库区森林植物群落数量分类

森林是人类赖以生存的基础。三峡库区自然资源丰富，其中森林面积占库区总面积的 37%，是该区最重要的陆地生态系统类型，对于涵养长江水源、维护库区的生态环境及保障农业生产具有突出的生态与经济重要性。但长期以来，强烈的人类活动，如森林砍伐、农耕和过度放牧等，导致该区森林生态系统退化严重，森林面积逐渐减少，因此对现存库区森林生态系统的群落结构、物种组成等的相关研究工作亟待加强。本研究采用数量分类和排序方法，对该区森林植被群落类型及其与环境的关系进行了分析，以期为保护和恢复该区的森林植被、充分发挥其强大的生态系统服务功能、实现森林可持续经营等提供理论依据。

1.1.1 三峡库区森林植物群落数量分类及排序

1. 三峡库区森林植物群落类型的划分

数量分类采用双向指示种分析（two-way indicator species analysis，TWINSPAN），结果更符合植被分布的自然规律，在生态学中被广泛采用。排序采用无趋势对应分析法（detrended correspondence analysis，DCA），它利用群落-物种重要值矩阵对所有样方进行群落排序，既能综合大量环境因子，又能与回归分析、相关分析结合，提高排序精度，对排序结果的解释更为精确合理，是现代植被生态学研究不可缺少的数量手段。在数量分析过程中，TWINSPAN 程序由 PC-ORD 软件实现，DCA 排序由 CANOCO 软件对数据进行分析。

三峡库区森林植物群落 TWINSPAN 分类结果的相应树状图见图 1-1。

由图 1-1 可见，TWINSPAN 程序将三峡库区森林植物群落划分为 33 种类型，其划分过程充分利用了反映群落特征的区别种及其组合，得到了比较合理的分类结果。

2. 三峡库区森林植物群落类型及特征

依据 TWINSPAN 程序的分类结果，对所划分的 33 个群落类型及其特征简述如下。

巴山松（*Pinus henryi*）**林**分布于海拔 1000～1600m 的半阴坡，坡度 30°～40°，群落郁闭度为 0.6～0.8。乔木层优势种为巴山松，伴生树种有山胡椒（*Lindera glauca*）、青冈（*Cyclobalanopsis glauca*）、枫香（*Liquidambar formosana*）、华山松（*Pinus armandii*）、栓皮栎（*Quercus variabilis*）、麻栎（*Q. acutissima*）等。灌木层盖度为 25%～45%，常见种有马桑（*Coriaria nepalensis*）、盐肤木（*Rhus chinensis*）、映山红（*Rhododendron simsii*）、铁仔（*Myrsine africana*）、胡颓子（*Elaeagnus pungens*）、楤木（*Aralia chinensis*）等。草本层较稀疏，主要种类有金星蕨（*Parathelypteris glanduligera*）、芒（*Miscanthus sinensis*）、蕨（*Pteridium aquilinum* var. *latiusculum*）、白茅（*Imperata cylindrica*）、荩草（*Arthraxon hispidus*）、野古草（*Arundinella anomala*）等。

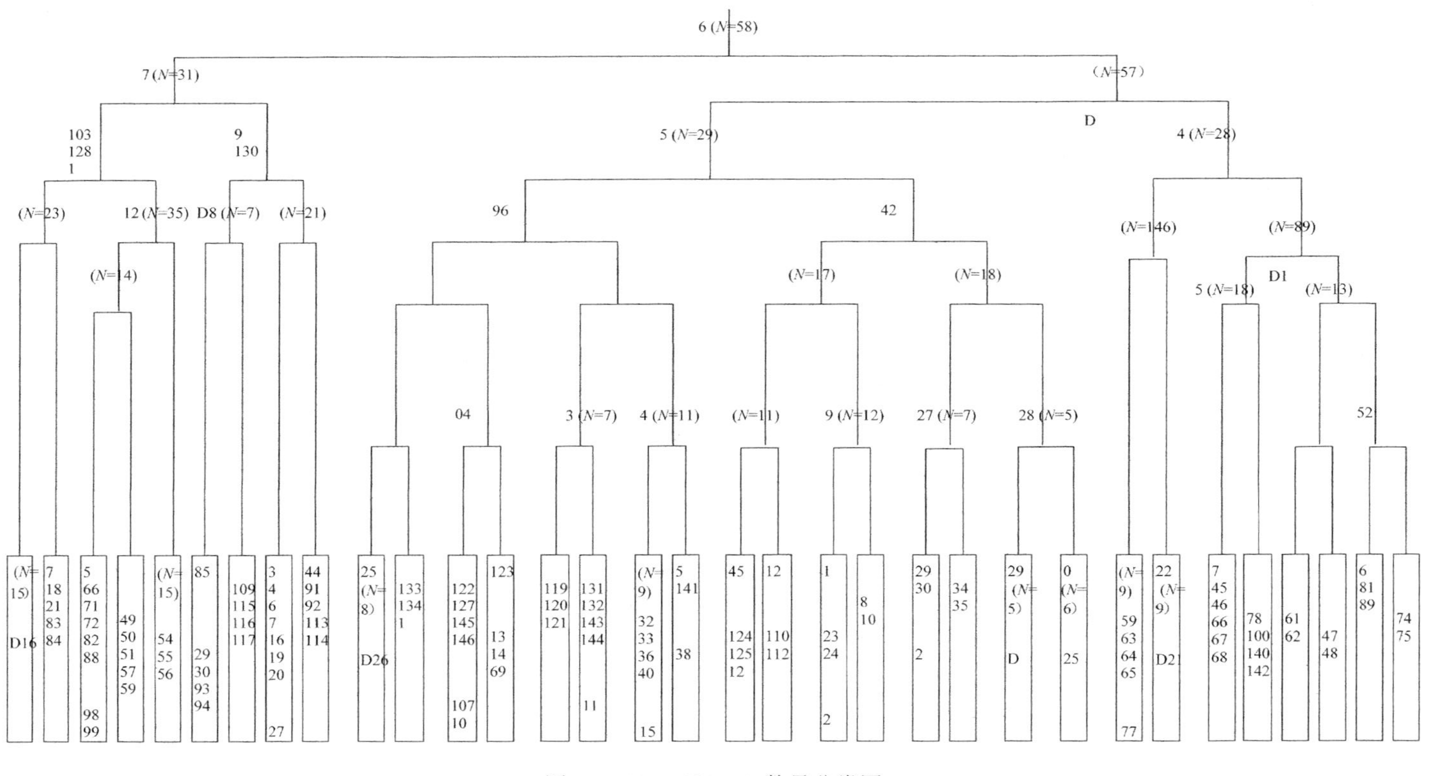

图 1-1　TWINSPAN 数量分类图

华山松林分布于海拔 500～2000m 的山坡、山脊上，坡度 35°～40°。乔木层优势种为华山松，伴生种有巴山松、铁杉（*Tsuga chinensis*）、红桦（*Betula albo-sinesnsis*）、亮叶桦（*B. luminifera*）、大叶杨（*Populus lasiocarpa*）、漆树（*Toxicodendron verniciflum*）、石灰花楸（*Sorbus folgneri*）、青榨槭（*Acer davidii*）、鹅耳枥（*Carpinus turczaninowii*）等。灌木层盖度约为 60%，主要种类有箬竹（*Indocalamus tessellatus*）、美丽胡枝子（*Lespedeza formosa*）、绣球（*Hydrangea macrophylla*）、短枝六道木（*Abelia engleriana*）、小檗（*Berberis thunbergii*）、荚蒾（*Viburnum dilatatum*）、悬钩子（*Rubus corchorifolius*）、木姜子（*Litsea pungens*）等。草本层较稀疏，盖度约 20%，主要种类有打破碗花花（*Anemone hupehensis*）、日本金星蕨（*Parathelypteris japonica*）、荩草、落新妇（*Astilbe chinensis*）、苔草（*Carex siderosticta*）、唐松草（*Thalictrum aquilegifolium*）等。层间植物有华中五味子（*Schisandra sphenanthera*）、忍冬（*Lonicera japonica*）、藤山柳（*Clematoclethra lasioclada*）、北五味子（*Schisandra chinensis*）等。

马尾松（*Pinus massoniana*）**林**多分布于海拔 1000m 以下的地区，在不同的生境条件下，马尾松林的组成与结构有很大的差异。一类是含有檵木（*Loropetalum chinensis*）、映山红等多种灌木的马尾松林，郁闭度为 0.5～0.8，乔木层优势种为马尾松，偶见短柄枹栎（*Quercus glandulifera* var. *brevipetiolata*）、栓皮栎、锐齿槲栎（*Q. aliena* var. *acuteserrata*）、槲栎（*Q. aliena*）、山合欢（*Albizia kalkora*）、四照花（*Dendrobenthamia japonica* var. *chinensis*）等。灌木层物种丰富，常见檵木、映山红、火棘（*Pyracantha fortuneana*）、烟管荚蒾（*Viburnum utile*）、宜昌荚蒾（*V. erosum*）等。草本层以铁芒萁（*Dicranopteris linearis*）、芒、栗褐苔草（*Carex brunnea*）为优势种，伴生种有狗脊（*Woodwardia japonica*）、乌蕨（*Stenoloma chusanum*）、金发草（*Pogonatherum paniceum*）、腹水草（*Veronicastrum stenostachyum*）。另一类是马尾松疏林，郁闭度为 0.3～0.4，乔木层只有马尾松一种。灌木层为落叶栎类，以白栎（*Quercus fabri*）等为优势种，常见伴生种有山胡椒、麻栎等。草本层以铁芒萁、五节芒（*Miscanthus floridulus*）、芒等为优势种，常见种有野茼蒿（*Gynura crepidioides*）、金星蕨、里白（*Hicriopteris glauca*）、扁穗莎草（*Cyperus compressus*）等。

杉木（*Cunninghamia lanceolata*）**林**多分布于海拔 600～1250m 的山坡，在不同的生境条件下，杉木林的组成与结构均有差异。一类为含有常绿阔叶树的杉木林，其土壤较深厚肥沃，乔木层郁闭度 0.6～0.8，组成树种以杉木占优势，常绿阔叶树种有栲（*Castanopsis fargesii*）、润楠（*Machilus pingii*）、大头茶（*Gordonia axillaris*）、山矾（*Symplocos caudata*）、虎皮楠（*Daphniphyllum glaucescens*）等。

灌木层主要有木莓（*Rubus swinhoei*）、杜茎山（*Maesa japonica*）、乌饭（*Vaccinium bracteatum*）等。草本层以鸢尾（*Iris tectorum*）、芒萁（*Dicranopteris pedata*）为主。另一类为含有落叶栎类的杉木林，其土壤瘠薄，乔木层郁闭度 0.4 左右，乔木层以杉木为主。灌木层盖度 10%左右，常见种有短柄枹栎、檵木、细齿叶柃（*Eurya nitida*）、长蕊杜鹃（*Rhododendron stamineum*）、野樱桃（*Cerasus serrulata*）等。草本层盖度 60%左右，常见芒萁、水金凤（*Impatiens nolitangere*）、金线草（*Antenoron filiforme*）、乌蕨等。

柏木（*Cupressus funebris*）**林**主要分布于海拔 300～1000m，库区内常见的为小块状人工柏木林，林下土壤干燥瘠薄，乔木层郁闭度小，形成柏木疏林。常见伴生的乔木种类主要有马尾松、化香树（*Platycarya strobilacea*）、麻栎、栓皮栎。灌木层有黄荆（*Vitex negundo*）、胡枝子（*Lespedeza bicolor*）、山豆花（*Lespedeza tomentosa*）、檵木、小果蔷薇（*Rosa cymosa*）、黄栌（*Cotinus coggygria*）、马桑、铁仔、火棘、盐肤木、野蔷薇（*Rosa multiflora*）、悬钩子等。草本层有白茅、黄茅（*Heteropogon contortus*）、苔草、翻白草（*Potentilla discolor*）、荩草、野菊（*Dendranthema indicum*）等。

马尾松+栓皮栎林分布于海拔 640m 左右，乔木层郁闭度 0.6，主要物种为马尾松、栓皮栎。灌木层盖度 10%，常见种为黄栌、马桑、铁仔、小果蔷薇等。草本层盖度 40%，常见种有黄茅、白茅、芒、荩草、牡蒿（*Artemisia japonica*）等。

马尾松+栲林分布于海拔 560m 左右，群落土壤较深厚、肥沃，乔木层郁闭度 0.7，常见种有栲、马尾松、杉木等。灌木层盖度 50%，主要有细枝柃（*Eurya loquaiana*）、鼠刺（*Itea chinensis*）等。草本层盖度 20%，常见狗脊、芒萁等。

马尾松+大头茶林分布于海拔 800m 左右，乔木层郁闭度 0.6，主要物种马尾松、大头茶、四川山矾（*Symplocos setchuensis*）、杉木等。灌木层盖度 30%，常见种为杜茎山、鼠刺、木姜子等。草本层盖度 20%，常见种有里白（*Hicriopteris glauca*）、红盖鳞毛蕨（*Dryopteris erythrosora*）、狗脊等。

杉木+栲林分布于海拔 500m 左右，群落土壤较深厚、肥沃，乔木层郁闭度 0.7，常见种有杉木、栲、润楠、大头茶、虎皮楠等。灌木层盖度 60%，主要有檵木、杜茎山、乌饭等。草本层盖度 30%，常见狗脊、中华里白（*Diplopterygium chinensis*）、铁芒萁等。

短柄枹栎林分布于海拔 200～1900m 的阳坡或半阳坡，林地冲刷严重，经常见裸岩露出。群落结构简单，可明显分为乔、灌、草三层。乔木层郁闭度 0.7，以短柄枹栎为主，伴生种有栓皮栎、糙皮桦（*Betula utilis*）、巴山松、山杨（*Populus davidiana*）等。灌木层盖度 40%，主要有美丽胡枝子、映山红、山胡椒、荚蒾等。

草本层盖度约25%，主要有苔草、淫羊霍（*Epimedium sagittatum*）、泽兰（*Aconitum gymnandrum*）等。

栓皮栎林主要分布于海拔1350m以下的低山、丘陵地带。群落结构简单，层次明显。乔木层郁闭度0.5～0.7，栓皮栎多为纯林。灌木层盖度10%左右，主要物种有映山红、猫儿刺（*Ilex pernyi*）、马桑、盐肤木、铁仔、胡枝子、绣线菊（*Spiraea salicifolia*）、黄栌（*Cotinus coggygria*）、小果蔷薇等。草本层盖度30%左右，主要有白茅、芒、苔草、糙野青茅（*Deyeuxia scabrescens*）、鼠尾栗（*Sporobolus elongatus*）。层间植物主要有葛藤（*Pueraria lobota*）、赤爬（*Thladiantha* sp.）、三叶木通（*Akebia trifoliata*）等。

白栎林分布于海拔950m以下的低山丘陵区，乔木层郁闭度0.6，单优种白栎组成。灌木层盖度达75%，常见种有映山红、乌饭、菱叶海桐（*Pittosporum truncatum*）、杜茎山、铁仔、宜昌悬钩子（*Rubus ichangensis*）等。草本层盖度45%左右，常见种有重楼排草（*Lysimachia paridiformis*）、狗脊、沿阶草（*Ophiopogon japonicus*）、芒、铁芒萁、金星蕨、红盖鳞毛蕨等。

槲栎+栓皮栎林分布于500～700m的低山丘陵区，乔木层郁闭度0.5，建群种为槲栎、栓皮栎，伴生少量的杉木、黄檀（*Dalbergia hupeana*）、马尾松、柏木等。灌木层由檵木、山胡椒、醉鱼草（*Buddleja lindleyana*）、冬青卫矛（*Euonymus japonicus*）、尖叶山茶（*Camellia cuspidata*）等种类组成。草本层主要有云雾苔草（*Carex nubigena*）、山麦冬（*Liriope spicata*）、蕙兰（*Cymbidium faberi*）、野菊、大叶茜草（*Rubia schumanniana*）等。层间植物常见有忍冬、鸡矢藤（*Paederia scandens*）、三叶木通。

西南槲树（*Quercus dentata* var. *oxyuloba*）**林**分布于海拔1500m左右的中山地带，乔木层郁闭度0.6，建群种是西南槲树，伴生种有响叶杨（*Populus adenopoda*）、华山松、茅栗（*Castanea seguinii*）等。灌木层盖度约20%，主要有白檀（*Symplocos paniculata*）、山胡椒、盐肤木、楤木等。草本层主要种类为金星蕨、莲叶橐吾（*Ligularia nelumbifolia*）、淡竹叶（*Lophatherum gracile*）等。

亮叶水青冈（*Fagus lucida*）**林**分布于海拔1700～1900m地形陡峻的山地，乔木层又可分为两个亚层，上层乔木高10～24m，优势种亮叶水青冈高大茂密，郁闭度可达0.6以上，伴生种有千金榆（*Carpinus cordata*）、巴东栎（*Quercus engleriana*）等；下层乔木高4～8m，常见种有粉白杜鹃（*Rhododendron hypoglaucum*）、柃木（*Eurya* sp.）、冬青（*Ilex* sp.）、南烛（*Lyonia ovalifolia*）。灌木层盖度20%左右，常见种有桂竹（*Phyllostachys bambusoides*）、扁枝越桔（*Vaccinium japonicum* var. *sinicum*）、吊钟花（*Enkianthus quinqueflorus*）、猫儿

刺等。草本层较稀，常见种有开口箭（*Tupistra chinensis*）、列当（*Orobanche coerulescens*）等。

茅栗林分布于海拔 100～1500m 的中山地带，乔木层郁闭度约 0.6，茅栗为单优势种，伴生少量的华山松、合欢（*Albizia julibrissin*）、香桦（*Betula insignis*）、千金榆（*Carpinus cordata*）、华中樱桃（*Cerasus conradinae*）、化香树、马尾松等。灌木层以绿叶胡枝子（*Lespedeza buergeri*）、木姜子等物种为主，另有少量盐肤木、披针叶胡颓子（*Elaeagnus lanceolata*）、卫矛（*Euonymus alatus*）等。草本层种类较少，主要有红盖鳞毛蕨、日本金星蕨等，盖度为 10%左右。

化香树林分布于海拔 1000～1800m 的阳坡和半阳坡上，下限也可至 200m，乔木层郁闭度大于 0.7，化香树为建群种，常见的伴生种有鹅耳枥、槭树、灯台树（*Bothrocaryum controversum*）、小叶朴（*Celtis bungeana*）、黄连木（*Pistacia chinensis*）、亮叶桦、锐齿槲栎、短柄枹栎、合欢等。灌木层有映山红（*Rhododendron simsii*）、木姜子、三桠乌药（*Lindera obtusiloba*）、竹叶椒（*Zanthoxylum planispinum*）、十大功劳（*Mahonia fortunei*）、小叶六道木（*Abelia parvifolia*）、猫儿刺、棣棠（*Kerria japonica*）、披针叶胡颓子、荚蒾、小檗等。草本层有荩草、狗脊、千里光（*Senecio scandens*）、山牛蒡（*Synurus deltoides*）、苔草、香青（*Anaphalis sinica*）、虎耳草（*Saxifraga stolonifera*）、紫云英（*Astragalus sinicus*）等。层间植物有菝葜（*Smilax china*）、粉防己（*Stephania tetrandra*）、铁线莲（*Clematis florida*）、茜草（*Rubia cordifolia*）等。

红桦林分布于海拔 2000～2500m 的山地，乔木无明显分层，郁闭度 0.7 左右。乔木层除红桦外，伴生种有香桦、漆树（*Toxicodendron verniciflum*）、山杨等，另有五尖槭（*Acer maximowiczii*）、地锦槭（*A. mono*）、青榨槭、华山松、湖北花楸（*Sorbus hupehensis*）、粉椴（*Tilia oliveri*）、三桠乌药等。灌木层盖度 50%，以桂竹占绝对优势，其次为六道木（*Abelia biflora*）、胡颓子、卫矛等。草本层比较发达，总盖度 40%，主要有苔草、白花酢浆草（*Oxalis acetosella*）、红盖鳞毛蕨、独活（*Heracleum hemsleyanum*）等。

糙皮桦林分布于海拔 1350m 左右的山地，乔木层郁闭度 0.6，常见种有短柄枹栎、麻栎、钝叶木姜子（*Litsea veitchiana*）等。灌木层盖度 20%，常见种有披针叶胡颓子、麻栎、溲疏（*Deutzia scabra*）、火棘等。草木层盖度 35%左右，优势种为褐绿苔草（*Carex stipitinux*），其他组成种类有芒、湖北苔草（*Carex henryi*）、糙野青茅等。

四照花林分布于海拔 1600～1750m 的山地，乔木郁闭度 0.3 左右，主要种类有四照花、椴树（*Tilia tuan*）、宜昌木姜子（*Litsea ichangensis*）、单齿鹅耳枥（*Carpinus* *hupeana* var. *simplicidentata*)、亮叶桦等。灌木层盖度 30%，常见种有箬竹、棣棠花、皱叶荚蒾（*Viburnum rhytidophyllum*）、猫儿刺等。草本层为盖度 40%，主要有大叶金腰（*Chrysosplenium macrophyllum*）、变异鳞毛蕨（*Dryopteris varia*）、酢浆草、异羽复叶耳蕨（*Arachniodes simplicior*）等。

枫香林分布于海拔 600m 左右的低山区，乔木层郁闭度 0.7，枫香、山柚子（*Opilia amentacea*）为建群种。灌木层盖度为 60%～70%，常见种有南天竹（*Nandina domestica*）、裂叶榕（*Ficus laceratifolia*）、白栎、檵木、悬钩子、小果蔷薇。草木层盖度 30%～40%，主要有冷水花（*Pilea notata*）、荩草、卷柏（*Selaginella tamariscina*）、碎米荠（*Cardamine hirsuta*）、高茎紫菀（*Aster prorerus*）、牛膝（*Achyranthes bidentata*）、沿阶草等。

华中樱桃+刺叶高山栎（*Quercus spinosa*）**林**分布于海拔 1410～1430m 的山地，乔木层郁闭度 0.3，主要有华中樱桃、刺叶高山栎、香桦、四照花、鹅耳枥等。灌木层盖度为 45%，常见种有山胡椒、马桑、美丽胡枝子等。草木层盖度 40%，主要有金星蕨、野菊等。

连香树（*Cercidiphyllum japonicum*）**+细齿稠李**（*Padus obtusata*）**林**分布于海拔 1300～1900m 的山谷，乔木层郁闭度 0.5，除连香树和细齿稠李外，还有建始槭（*Acer henryi*）、榆树（*Ulmus pumila*）、地锦槭、石栎（*Lithocarpus glaber*）、膀胱果（*Staphylea holocarpa*）、领春木（*Euptelea pleiospermum*）、天师栗（*Aesculus wilsonii*）等。灌木层盖度可达 50%，主要有棣棠、茶藨子（*Ribes* sp.）、箬竹、薄叶鼠李（*Rhamnus leptophylla*）、溲疏、卫矛、接骨木（*Sambucus williamsii*）、荚蒾等。草本层以大叶金腰、水金凤、苞叶景天（*Sedum amplibracteatum*）为主，偶有变豆菜（*Sanicula chinensis*）、中华蛇根草（*Ophiorrhiza chinensis*）、贯众（*Cyrtomium fortunei*）、苔草、黄水枝（*Tiarella polyphylla*）等。

灯台树林分布于海拔 1500m 以下的山地，乔木层郁闭度 0.7，灯台树为建群种，常见种有桦木（*Betula* spp.）、漆树、榕叶冬青（*Ilex ficoidea*）、宜昌润楠（*Machilus ichangensis*）、四川山矾等。灌木层盖度 30%，鹅耳枥、八仙花（*Viburnum macrocephalum*）、钝叶木姜子、化香树、川钓樟（*Lindera pulcherrima* var. *hemsleyana*）等为常见种。草木层盖度 10%左右，苔草为优势种，另有苦苣菜（*Sonchus oleraceus*）、东方草莓（*Fragaria orientalis*）、荩草、糙野青茅、猫儿刺、野棉花（*Abelmoschus crinitus*）等。

朴树（*Celtis sinensis*）**林**分布于海拔 300m 以下的低山，乔木层郁闭度 0.4，朴树为建群种，伴生种有刺桐（*Erythrina variegata*）、喜树（*Camptotheca acuminata*）、野桐（*Mallotus japonicus*）、苦楝（*Melia azedarach*）、女贞（*Ligustrum* *lucidum*）等。灌木层盖度 35%，主要有黄荆、地瓜藤（*Ficus tikoua*）、火棘、六道木等。草本层盖度达 90%，常见种有高茎紫苑、蜈蚣草（*Eremochloa ciliaris*）、荩草、栗褐苔草、白茅等。

包槲柯（*Lithocarpus cleistocarpus*）**+锥栗**（*Castanea henryi*）**林**分布于海拔 1500m 左右的山地，乔木层郁闭度 0.6，除包槲柯、锥栗外，常见种有亮叶桦、大叶杨、灯台树、千金榆、漆树、青榨槭、绿叶甘橿（*Lindera fruticosa*）等。灌木层盖度 60%，主要为箬竹，其他种有茶藨子、卫矛、胡颓子、水马桑（*Weigela japonica*）、悬钩子等。草本层较稀疏，盖度 15%左右，常见种有短毛金线草（*Antenoron filiforme* var. *neofiliforme*）、锦鸡儿（*Caragana sinica*）、黄花油点草（*Tricyrtis maculata*）、粗齿冷水花（*Pilea sinofasciata*）、泽兰、苔草等。

化香树+曼青冈（*Cyclobalanopsis oxyodon*）**林**分布于海拔 1600m 左右的石灰岩坡地上，乔木层以化香树、曼青冈占优势，常见种有枫叶槭（*Acer tonkinense*）、老鸹铃（*Styrax hemsleyanus*）、小叶朴、鹅耳枥、枫香、虎皮楠、薯豆（*Elaeocarpus japonicus*）、川桂（*Cinnamomum wilsonii*）、大头茶等。灌木层有南天竹、刺花椒（*Zanthoxylum acanthopodium*）、竹叶椒、十大功劳、小叶六道木、长毛籽远志（*Polygala wattersii*）、球核荚蒾（*Viburnum propinquum*）等。草本层有顶芽狗脊（*Woodwardia unigemmata*）、狗脊、沿阶草、千里光、大叶贯众（*Cyrtomium macrophyllum*）、萱草（*Hemerocallis fulva*）、虎耳草、淫羊藿、紫云英等。层间植物有托柄菝葜（*Smilax discotis*）、绣球藤（*Clematis montana*）、乌蔹莓（*Cayratia japonica*）等。

石栎林分布于海拔 600m 左右的低山区，乔木层郁闭度 0.6，石栎为建群种，伴生种有杉木、马尾松、枫香、山矾、毛叶木姜子（*Litsea mollis*）、野漆（*Toxicodendron succedaneum*）、君迁子（*Diospyros lotus*）等。灌木层盖度 75%～90%，常见种有马银花（*Rhododendron ovatum*）、白木通（*Akebia trifoliata* subsp. *australis*）、狗骨柴（*Diplospora dubia*）、杜茎山、百两金（*Ardisia crispa*）、柃木、乌饭、木荷（*Schima superba*）、南烛、大叶鼠刺（*Itea macrophylla*）、宜昌荚蒾、白栎、丝栗（*Castanopsis chunii*）、铁仔等。草本层盖度 10%～30%，主要组成种类有毛轴铁角蕨（*Asplenium crinicaule*）、凤尾蕨、金星蕨、苣荬菜（*Sonchus arvensis*）、荩草、铁芒萁、狗脊等。

甜槠（*Castanopsis eyrei*）**林**分布于海拔 500～800m 的山地，群落结构简单，乔木层以甜槠占绝对优势，伴生种有润楠、栲、山矾、马尾松、麻栎、野茉莉（*Styrax japonicus*）、矩形叶鼠刺（*Itea chinensis* var. *oblonga*）、异叶海桐（*Pittosporum heterophyllum*）等。灌木层植物稀少，有少量的荚蒾、石楠（*Photinia serrulata*）、油茶（*Camellia oleifera*）、紫珠（*Callicarpa* sp.）、硃砂根（*Ardisia crenata*）等。

草本层中蕨类植物发育良好，如金星蕨、铁芒箕等。

红豆树（*Ormosia henryi*）**林**分布于海拔 1000m 左右的山坡，群落结构比较简单，乔木层除红豆树外，伴生种有栓皮栎、铁坚油杉（*Keteleeria davidiana*）、枫香、槲栎、化香树、侧柏（*Platycladus orientalis*）等。灌木层盖度 10%～25%，主要有檵木、黄荆、胡颓子、山胡椒、野桐、中华蚊母树（*Distylium chinense*）、百两金、卫矛、悬钩子等。草本层较稀疏，主要有荩草、白茅、鼠尾草（*Salvia* sp.）、野菊、沿阶草、苔草、龙牙草（*Agrimonia pilosa*）等。

润楠林主要分布于海拔 1000m 以下的低山区，乔木层建群种为润楠，常见种有丝栗、枹栎（*Quercus serrata*）、虎皮楠、马尾松、狗骨柴等。灌木层盖度 60%，优势种为杜茎山，伴生种有乌饭、马银花、檵木、香叶树（*Lindera communis*）、球核荚蒾、百两金等。草本层盖度 20%～30%，优势种为重楼排草，常见种有沿阶草、艳山姜（*Alpinia zerumbet*）、狗脊等。

大头茶林分布于海拔 1500m 以下的山地，乔木层郁闭度 0.8，建群种为大头茶，常见种有厚皮灰木（*Symplocos crassifolia*）、光叶山矾（*Symplocos lancifolia*）、虎皮楠、马尾松、杉木、润楠等。灌木层盖度 30%以下，常见种有柃木、杜茎山、山茶（*Camellia japonica*）、油茶、乌饭、铁仔、栀子（*Gardenia jasminoides*）、菝葜等。草木层盖度 40%以下，优势种为狗脊、淡竹叶，常见种有四川鳞盖蕨（*Microlepia szechuanica*）、鳞毛、金星蕨、薯蓣（*Dioscorea opposita*）等。

刺叶高山栎林分布于海拔 1200m 以上的山地，群落结构简单，乔木层主要有刺叶高山栎、匙叶栎（*Quercus dolicholepis*）、锐齿槲栎、多脉鹅耳枥（*Carpinus polyneura*）、华山松等。灌木层主要有海桐花（*Pittosporum* sp.）、猫儿刺、球核荚蒾、绣线菊等。草本层稀较疏，以苔草为主。

1.2 三峡库区森林植物群落 DCA 排序分析

采用 DCA 对三峡库区森林植物群落进行分析，并根据前两个排序轴做二维排序图（图 1-2），各群落在排序图上的分布反映了群落空间变化的趋势和梯度。其群落样方排序的 AX1 轴和 AX2 轴呈现出显著且重要的生态意义，较好地反映了植物群落之间及群落与环境之间的相互关系，各群落类型沿 AX1 轴和 AX2 轴有相互重叠，说明各个群落之间并非截然分开，而具有相互交错的特征。

由图 1-2 可以看出，DCA 第一轴基本上是一个海拔由低到高或热量由高到低的变化梯度，DCA 的另一维排序轴基本上反映了植物群落生境的湿度由高到低的变化梯度，其排序图的对角线较为显著地反映了植物群落所在地环境的温度、海

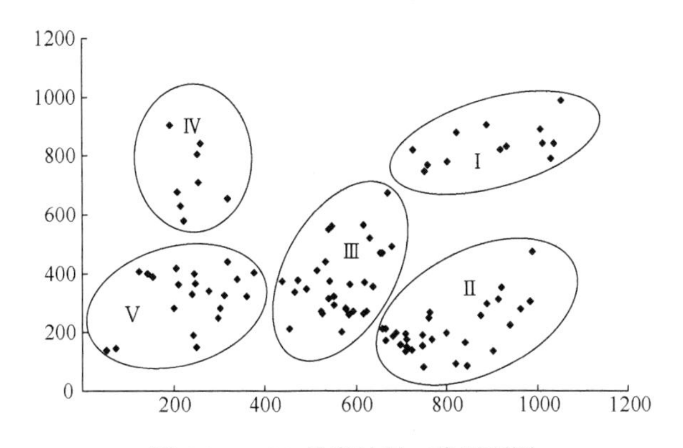

图 1-2　DCA 排序结果二维平面图

Ⅰ. 针叶林；Ⅱ. 针阔叶混交林；Ⅲ. 落叶阔叶林；Ⅳ. 常绿落叶阔叶混交林；Ⅴ. 常绿阔叶林

拔和土壤水分的综合梯度，总体趋势表现为从左下角到右上角，植被类型依次为常绿阔叶林、常绿落叶阔叶混交林、落叶阔叶林、针阔叶混交林、针叶林，即海拔逐渐升高、水分逐渐减少、气温逐渐降低。

植被数量分类与排序可以比较客观准确地揭示植物、植物群落及植物与环境之间的生态关系（张峰和张金屯，2000；张金屯，1992a，1992b）。由于历史及人为因素的影响，三峡库区森林生态系统破碎化严重。目前，其地带性植被常绿阔叶林呈零星分布，而马尾松林、柏木林、杉木林分布较广泛，同时还混合分布一定数量的落叶阔叶次生林，如槲栎林、栓皮栎林等，为更好地保护库区生态环境，逐步开展三峡库区森林植被恢复建设显得十分重要。通过对三峡库区现有森林植物群落进行数量分类与排序，可以更好地结合其破碎化的环境特点与当地现有植物状况，采用适地适树的原则，进行近自然的植被恢复建设，保障库区生态安全，实现森林可持续经营，促进当地经济的稳步发展。

第 2 章　三峡库区柏木林

柏木（*Cupressus funebris*）林是三峡库区主要植被组成之一，广泛分布于三峡库区海拔 300～1000m 的低山、丘陵地区。其林地约占三峡库区主要森林类型面积的 6.7%，其空间分布格局总体比较分散，但局部相对集中，呈团状，沿长江两岸均有分布，比较集中大面积分布的有重庆云阳、涪陵、丰都、万州等区县，以及湖北巴东、秭归等县。柏木具有喜钙的特点，在土层深厚、环境湿润的钙质土上，生长繁茂，成材较快。酸性土上则生长不良，树形奇曲而苍老。柏木耐干旱和贫瘠，对其现有状况进行分析，对有计划地发展、保护和合理开发利用其资源具有重要意义。

2.1　三峡库区柏木林群落特征及多样性分析

2.1.1　三峡库区柏木林结构特征及群落类型

三峡库区内环境条件差异很大，在不同的生境条件下，柏木林的种类组成与层片结构均有很大差异。根据各样地中乔木层、灌木层、草本层各层物种优势度，并结合实地调查情况，三峡库区的柏木林可分为三大类别 11 个群落类型，其结构特征如下。

1. 含多种落叶栎类的柏木林

多生长在瘠薄土壤上，乔木层建群种为柏木，常见伴生种有麻栎（*Quercus acutissima*）、栓皮栎（*Q. variabilis*）、化香树（*Platycarya strobilacea*）、山合欢（*Albizia kalkora*）、小叶朴（*Celtis bungeana*）等。灌木层中落叶栎类成萌生状，高低相差悬殊，层次不明显，常见灌木有美丽胡枝子（*Lespedeza formosa*）、檵木（*Loropetalum chinensis*）、勾儿茶（*Berchemia sinica*）、烟管荚蒾（*Viburnum utile*）、竹叶椒（*Zanthoxylum planispinum*）等。草本植物主要有白茅（*Imperata cylindrica*）、芒（*Miscanthus sinensis*）、栗褐苔草（*Carex brunnea*）等，伴生种有淫羊藿（*Epimedium brevicornu*）、透骨草（*Phryma leptostachya* subsp. *asiatica*）、牛至（*Origanum vulgare*）、贯叶连翘（*Hypericum perforatum*）等。层间植物有薯蓣（*Dioscorea opposita*）、香花崖豆藤（*Millettia dielsiana*）、鸡矢藤（*Paederia scandens*）、葛（*Pueraria lobata*）等。

2. 含有马尾松（*Pinus massoniana*）的柏木林

多生长在砂页岩层上发育的紫色土上，或石灰岩发育的黄壤上。由于淋溶作用，土壤逐渐酸化，柏木林逐渐演变成柏木、马尾松混交林。该林外貌翠绿与苍绿相间，层次分明，柏木与马尾松的比例常受母岩与土壤的制约，在砂页岩层上，如坡地母岩为厚页薄砂，则常以柏木为绝对优势，马尾松居次要地位，相反，如为厚砂薄页，则以马尾松为主，柏木居次要地位；在石灰岩基质上，两者比例取决于土壤的酸化程度，随着土壤酸化程度的加深，柏木生长逐渐衰弱，由两者的混交林逐步过渡成马尾松纯林。乔木树种还有化香树、黄连木（*Pistacia chinensis*）、麻栎出现。灌木主要为铁仔（*Myrsine africana*）、黄荆（*Vitex negundo*）等。草本以白茅为优势，其次为翻白草（*Potentilla discolor*）、欧夏枯草（*Prunella vulgaris* var. *japonica*）等。

3. 柏木疏林

在山脊或山坡上部，紫色页岩或砂岩，土层瘠薄而干燥，柏木常呈疏林状。由于柏木生长稀疏，郁闭度小，通常在 0.3 左右，林内空旷透光，种类组成较贫乏，乔木树种还有化香树、乌桕（*Sapium sebiferum*）、油桐（*Vernicia fordii*）等。灌木以黄荆、马桑（*Coriaria nepalensis*）占优势，其次有火棘（*Pyracantha fortuneana*）、地瓜藤（*Ficus tikoua*）等。草本植物以白茅、栗褐苔草为主，黄茅（*Heteropogon contortus*）也常大量出现。

根据组成特点，可将上述柏木林分为如下 11 个群落类型。

（1）柏木—美丽胡枝子—白茅群丛

（2）柏木—檵木＋勾儿茶—芒＋细穗苔草群丛

（3）柏木—烟管荚蒾—栗褐苔草群丛

（4）柏木—檵木—芒＋细穗苔草群丛

（5）柏木—铁仔—栗褐苔草群丛

（6）柏木—黄荆—白茅群丛

（7）柏木—黄荆—翻白草群丛

（8）柏木—黄荆—黄茅群丛

（9）柏木—火棘＋悬钩子—栗褐苔草群丛

（10）柏木—马桑—栗褐苔草＋高茎紫菀群丛

（11）柏木—铁仔＋黄栌—栗褐苔草群丛

2.1.2 柏木林多样性分析

1. 柏木林多样性在群落梯度上的分布

柏木林多样性的总体状况见表 2-1。由表 2-1 可知，Shannon-Wiener 指数与 Simpson 指数、Pielou 指数与 Alatalo 指数在群落梯度上的变化趋势基本一致。柏木群落乔木层的物种丰富度、多样性指数和均匀度指数均较低，而灌木层、草本层的各项指标均较高。在群落梯度的不同层面上，柏木群落的多样性总趋势为：灌木层＞草本层＞乔木层，这与亚热带常绿阔叶林表现出乔木层、灌木层＞草本层的格局截然不同。我国亚热带地区，灌木层、草本层的多样性大小可能与人类活动干扰有最直接的关系。由于三峡库区人口密度大，长期以来对库区资源的过度开发，使得天然林受到严重破坏。现有的柏木林多为人工林或半人工林，有些林冠尚未郁闭，有较充足的阳光照射到林下灌木层和草本层，因而灌木层、草本层生物多样性较高；更进一步的原因可能是灌木及草本植物植株较小，可以充分利用林下不同的微环境斑块。有研究表明，乔木层、灌木层、草本层多样性的关系依赖于森林的特性及动态特点，Bradfield 和 Scagel（1984）在亚高山针叶林中发现各层次的物种多样性是互相依赖的。但 Rey Benayas（1995）在北方针叶林中的研究表明，气候因子是唯一与各层次多样性有关的环境因子，并且环境因子对群落多样性的影响都是通过影响草本层的多样性从而影响群落的物种多样性。由此看出，三峡库区柏木林灌木层、草本层多样性较高的另一原因可能与该区柏木林的演替过程有关，关于三峡库区柏木林的演替尚需进一步研究。

2. 柏木林多样性在海拔梯度上的分布

植物群落物种多样性随海拔的变化规律一直是生态学家感兴趣的问题。这方面的资料很多，但研究结果是不一致的。贺金生和陈伟烈（1997）将其划分为几种模式：①通常情况下植物群落物种多样性与海拔成负相关；②植物群落物种多样性在中等海拔最大，即所谓的“中间高度膨胀（mid-altitude bulge）”；③植物群落物种多样性在中等海拔较低，以及植物群落物种多样性与海拔成正相关等。柏木林的乔、灌、草各层次在海拔梯度上的分布并未表现出明显的规律性，这可能与三峡库区环境条件差异显著、人为干扰活动强度大有关，而且柏木林多为人工林或半人工林，因而与天然林所表现出的特征可能有差异。

表 2-1　三峡库区柏木林多样性指数

群落序号	层次	S	D	H'	J	E
1	t	2	0.690	1.450	0.706	0.713
	sh	6	0.258	3.875	0.873	0.761
	h	5	0.534	1.874	0.605	0.531
2	t	2	0.589	1.698	0.867	0.846
	sh	6	0.196	5.102	0.953	0.908
	h	1	1.000	1.000	0.213	0.142
3	t	6	0.645	1.551	0.462	0.481
	sh	14	0.146	6.839	0.807	0.787
	h	7	0.330	3.031	0.689	0.721
4	t	1	1.000	1.000	0.213	0.142
	sh	14	0.159	6.292	0.807	0.791
	h	6	0.427	2.340	0.689	0.786
5	t	9	0.411	2.431	0.631	0.152
	sh	13	0.293	3.407	0.773	0.529
	h	10	0.448	2.230	0.555	0.723
6	t	3	0.879	1.137	0.255	0.425
	sh	5	0.725	1.380	0.668	0.493
	h	13	0.481	3.432	0.432	0.580
7	t	3	0.819	1.221	0.331	0.504
	sh	13	0.166	6.015	0.355	0.852
	h	4	0.721	1.387	0.409	0.458
8	t	1	1.000	1.000	0.213	0.142
	sh	11	0.558	1.793	0.752	0.142
	h	6	0.404	2.474	0.341	0.656
9	t	2	0.982	1.018	0.074	0.345
	sh	22	0.078	12.792	0.878	0.569
	h	16	0.232	4.312	0.672	0.780
10	t	6	0.334	2.994	0.763	0.682
	sh	10	0.354	2.826	0.580	0.652
	h	14	0.175	5.722	0.762	0.780
11	t	3	0.970	1.031	0.079	0.334
	sh	15	0.277	4.606	0.698	0.641
	h	8	0.344	2.906	0.571	0.830

注：t：乔木层；sh：灌木层；h：草本层；S：物种丰富度；D：Simpson 指数；H'：Shannon-Wiener 指数；J：Pielou 指数；E：Alatalo 指数

2.2 三峡库区柏木林的生长

2.2.1 柏木树木年轮年表的建立

年轮宽度指数（RWI）是树木实际宽度与期望值之比，树木年轮年表是利用树木年轮宽度指数，消除了由遗传因子支配的、随树龄增加而产生的树木径向生长减缓趋势及其他非限制因子造成的树木生长波动，获得的年轮宽度指数变化曲线（吴祥定，1990）。云阳柏木标准年表和残差年表如图 2-1 所示。从柏木年表可以看出，标准年表（STD）和残差年表（RES）比较吻合，曲线变化非常一致，因此，我们仅对 STD 进行与气候因子的相关分析。

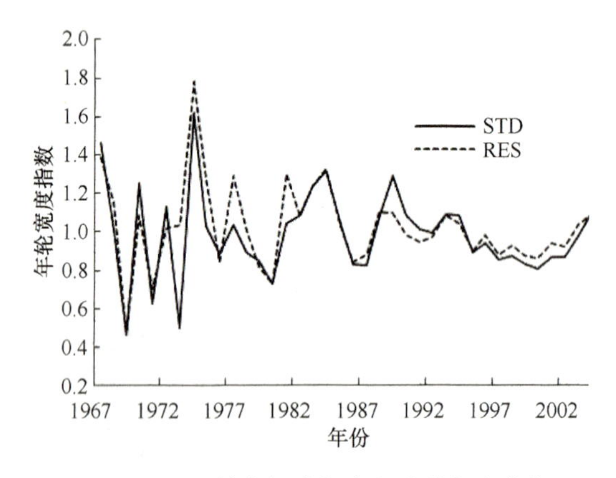

图 2-1 云阳柏木标准年表和残差年表曲线

2.2.2 柏木生长与季节气候因子的关系

柏木生长与季节气候因子的关系见表 2-2，生长与季节降水量的相关关系不明显，只与当年春季的平均温度呈现出极显著负相关，通过图 2-2 进一步说明当年春季温度与生长的关系。

从图 2-2 可以看出，柏木年轮宽度指数与当年第一季度平均温度呈现出显著负相关关系，相关系数 $r=-0.472$。总体来看，第一季度平均温度变化幅度小于年轮宽度指数的年度变化幅度，但两条曲线表现出极好的负相关。1974 年前，年轮宽度指数变化幅度较大，而第一季度平均温度变化幅度较小，仍可以发现第一季度平均温度与年轮宽度指数每个峰值的对应关系；1974 年后，两条曲线的关系表现得更理想，第一季度平均温度的每个低值对应年轮宽度指数的高峰值，而第一季度平均温度的每个高峰值对应年轮宽度指数的低值。

表 2-2　柏木年轮宽度指数与季节气候因子的相关关系

季节	温度	降水量	湿度指数
上年秋	−0.172	0.044	0.089
上年冬	−0.078	−0.113	−0.142
当年春	−0.472**	0.299	0.381*
当年夏	−0.255	0.062	0.118
当年秋	0.004	0.097	−0.020
当年冬	−0.227	0.243	0.273

*表示 0.05 水平上显著相关；**表示 0.01 水平上极显著相关

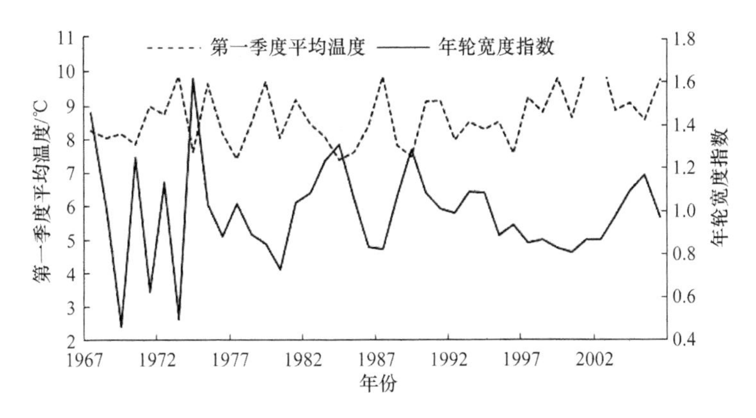

图 2-2　柏木年轮宽度指数与当年第一季度平均温度的关系

2.2.3　柏木生长与月份气候因子的关系

为了进一步说明柏木生长与气候因子之间的关系，对生长与月份气候因子的关系进行分析（表 2-3）。

从表 2-3 可以看出，柏木年轮宽度指数与 1 月、2 月的平均温度呈显著负相关关系，从气候因子与树木年轮宽度指数相关性上看，柏木生长主要受 1 月、2 月平均温度的影响，当地气候数据显示 1 月、2 月是该地区温度最低的月份，不属于柏木生长季节，但 1 月、2 月气温常与虫害与否关系密切。鞭角华扁叶蜂一直是影响柏木生长的重要因子，而 1 月、2 月温度低，对叶蜂越冬产生不利影响，从而抑制了幼虫越冬，控制了第二年虫害的严重程度，这有利于柏木的生长；然而，如果 1 月、2 月温度高，则有利于叶蜂幼虫的越冬，致使 4 月、5 月有大量叶蜂危害柏木生长，从而产生了柏木生长与 1 月、2 月温度的显著负相关关系。1

月、2 月为云阳地区一年中温度最低的月份，而鞭角华扁叶蜂幼虫冬季越冬是其生命周期中的重要环节，2 月当温度稳定在 15℃时开始化蛹（萧刚柔，1990；王鸿哲等，2001），然后羽化、产卵。因此，2 月的温度对叶蜂的化蛹非常重要，温度高则在相同条件下有更多的幼虫化蛹、羽化和产卵，从而对柏木产生更大的影响。

表 2-3　柏木年轮宽度指数与月份气候因子的相关关系

月份	温度	降水量	湿度指数
7	–0.107	0.095	0.110
8	–0.143	0.064	0.067
9	–0.093	0.013	0.002
10	0.071	0.002	–0.003
11	–0.005	–0.137	–0.119
12	–0.219	–0.208	–0.156
1	–0.341*	–0.021	0.089
2	–0.369*	0.184	0.298
3	–0.280	0.254	0.274
4	–0.224	0.006	0.051
5	–0.136	0.206	0.220
6	–0.043	–0.108	–0.104
7	–0.109	0.023	0.031
8	0.056	0.053	0.048
9	0.023	–0.084	–0.094
10	–0.291	0.210	0.230
11	0.044	0.067	0.050
12	–0.252	0.098	0.168

*表示 0.05 水平上显著相关

图 2-3 可以更清楚地表现出柏木年轮宽度指数与 2 月平均温度的关系，在 1972 年以前两者的关系与 1972 年后不太一致，主要是由于柏木生长尚处于幼龄时期，其生长变化趋势更多地受遗传因子的影响，1972 年后柏木生长与 2 月平均温度的关系表现出很好的负相关。

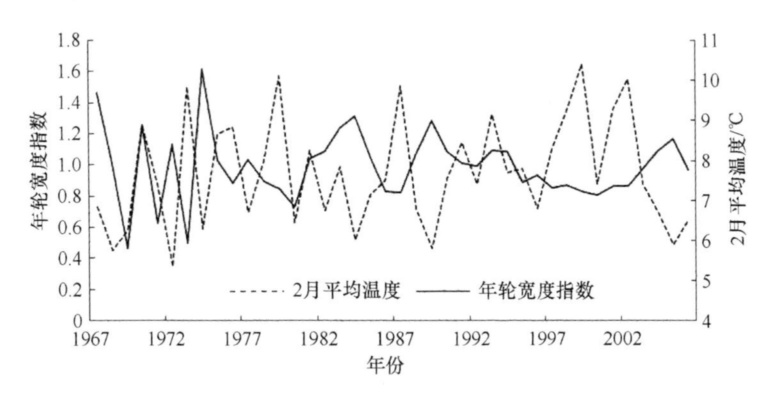

图 2-3　柏木年轮宽度指数与 2 月平均温度之间的关系

2.2.4　柏木生长与虫害发生的关系

为了进一步说明柏木生长与气候和虫害之间的关系，利用虫害发生情况历史记录数据，即 1982～2006 年虫害发生总面积、重度发生面积及研究林分感虫率的记录数据，与柏木生长年轮宽度指数做相关分析。

由表 2-4 可以发现，柏木年轮宽度指数与虫害发生总面积、重度发生面积及感虫率均存在显著负相关关系，说明年轮宽度指数高的年份，虫害发生总面积和重度发生面积小，而年轮宽度指数低的年份，虫害发生总面积和重度发生面积大，说明虫害的发生严重影响了柏木的生长。虫害的发生导致柏木针叶受损，通过影响针叶的数量导致植物光合作用的下降，从而影响柏木的生长，不同发生程度表明柏木针叶的不同受损程度。

表 2-4　柏木年轮宽度指数与虫害发生的相关关系

相关系数	叶蜂发生总面积	重度发生面积	感虫率
年轮宽度指数	–0.817**	–0.743**	–0.855**

**表示 0.01 水平上极显著相关

2.2.5　柏木生长与气候因子关系模型

用线性回归方法对云阳柏木年轮宽度（W_i）与 1 月、2 月温度（T_1、T_2）进行回归分析（图 2-4），建立用气候因子预报年轮宽度的统计数学模型：

$$W_i=1.72-0.006\ T_1-0.005T_2\ (P<0.05)$$

该模型置信度达到 95%以上，相关显著。

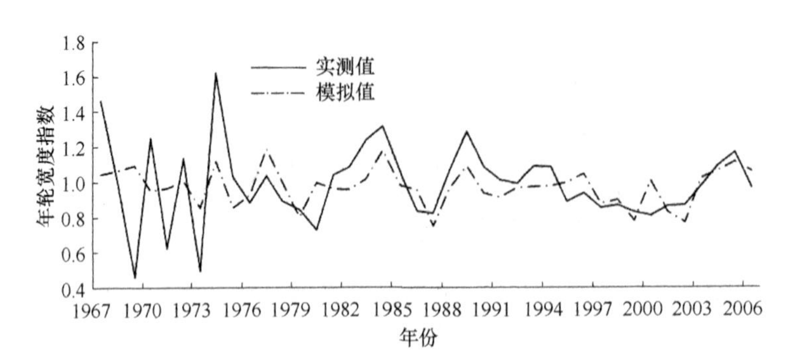

图 2-4 年轮宽度指数实测值与模拟值比较

由图 2-4 可以看出，用 1 月、2 月温度可以很好地模拟年轮宽度指数。在 1967～1977 年差别稍大，是因为树木幼龄时生长更多地受遗传因子的影响，随着年龄的增长主要受环境因子的影响；之后拟合效果很好，曲线的峰值吻合好，而且随着时间的推移模拟值与实测值之间相差越来越小。

第3章　三峡库区马尾松林

马尾松不仅是我国特有的造林树种，而且是一种多功能、高效益的经济树种，合理的开发利用，对于三峡库区的经济发展有一定的促进作用。

马尾松针叶林面积为135.79万hm^2，占三峡库区主要森林类型面积的37.1%，为三峡库区最主要的森林类型。从图3-1可以看出，马尾松在整个库区均有分布，主要集中在重庆巫山、奉节、云阳、石柱、丰都、涪陵及湖北秭归等地区。整体分布格局为库区中游为主，下游分布次之，上游分布较少。

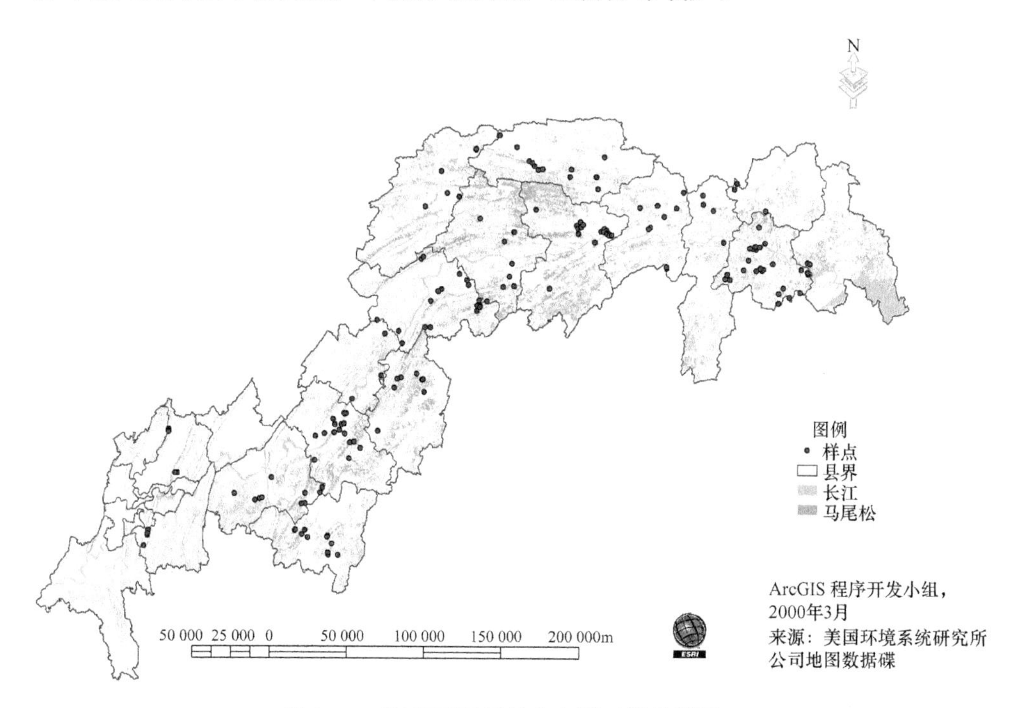

图3-1　三峡库区马尾松分布图（另见彩图）

3.1　三峡库区上游马尾松生长特点

分析海拔900m（1983～2006年）和海拔600m（1980～2006年）的马尾松年表基本统计（表3-1）可以看出，两个海拔年轮序列间的平均相关系数分别为0.319

和 0.305，说明在某一海拔各单株间年轮的径向生长较为一致。在树木年轮气候学研究中，信噪比（SNR）越大，表明分析样本生长记录的气候信息越多，本研究中海拔 900m 和 600m 的 SNR 均大于 3，最高可达 6，属于合格年表。

表 3-1　不同海拔马尾松树木年表的统计特征

	海拔 900m		海拔 600m	
	STD	RES	STD	RES
平均值	0.9718	1.0084	0.9463	0.9725
中间值	0.9126	1.0051	0.9366	0.9621
平均敏感度	0.3342	0.2489	0.2237	0.1912
标准差	0.4125	0.3019	0.4303	0.178
一阶自相关系数	0.7006	−0.0685	0.4856	0.0544
信噪比	4.101	3.127	5.249	6.054
不同树间相关系数	0.319	0.305	0.288	0.318
总体代表性	0.9114	0.9061	0.9161	0.9575

平均敏感度（MS）表明样本所含气候因子的多少，涪陵为 0.19～0.33，都在年表所要求的 0.15～0.8 范围内，就平均敏感度来讲，也较好的年表，属于敏感系列范围（吴祥定，1990），表明马尾松的生长对气候变化是敏感的，可以用此来研究树木生长与环境因子的关系。信噪比、总体代表性都比较高，可以用马尾松研究生长与气候的关系。

3.1.1　马尾松生长与环境因子的关系

从图 3-2A 和图 3-2B 可以看出，无论在海拔 900m 还是在海拔 600m，STD 年表和 RES 年表表现的趋势基本一致，且两种年表统计特征量 STD 年表各项指标要好于 RES 年表，因此直接使用 STD 年表来研究马尾松径向生长与环境因子的关系。

1. 马尾松生长与季节气候因子的关系

通过分析年表与气候因子之间的相关关系来反映树木径向生长与气候因子的相关关系，因为当年树木生长不仅与当年的气候条件有关，而且也受上年气候因子的影响，因此选取上年秋、冬气候因子及当年 4 个季度的气候因子与年表进行分析（表 3-2）。为了反映温度和降水量对树木生长的综合影响，用降水量和温度的比值即湿润指数作为反映气候的另外一个因子。

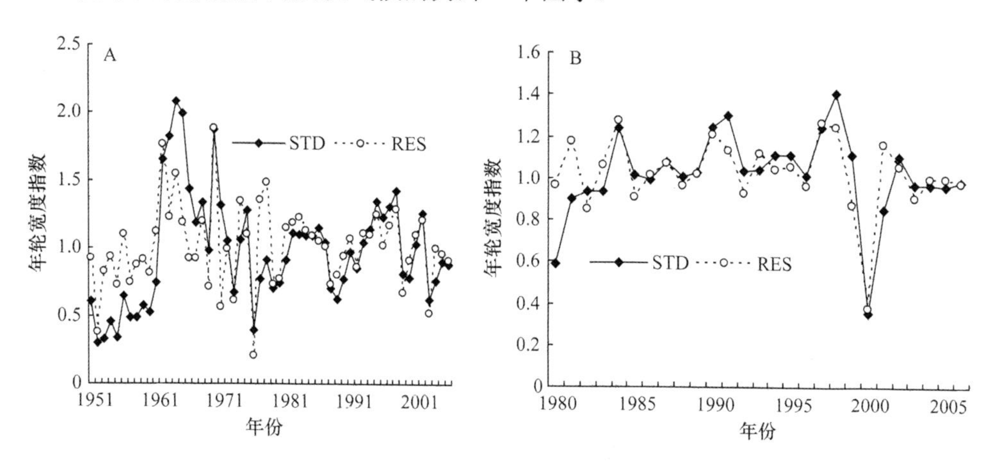

图 3-2　马尾松海拔 900m 年表（A）和海拔 600m 年表（B）

表 3-2　马尾松年轮宽度指数与季节气候因子的相关关系

季节	海拔 600m			海拔 900m		
	温度	降水量	湿度指数	温度	降水量	湿度指数
上年秋	0.236	–0.036	–0.051	0.071	0.026	0.009
上年冬	–0.083	–0.381	–0.355	–0.088	0.208	0.220
当年春	0.137	0.181	0.136	–0.002	–0.37	–0.035
当年夏	0.145	0.447*	0.416*	0.065	0.049	0.038
当年秋	0.272	0.187	0.15	0.005	0.229	0.212
当年冬	–0.016	–0.186	–0.1734	–0.076	0.114	0.129

*表示 0.05 水平上显著相关

由表 3-2 可见，温度、降水量和湿度指数对马尾松相同海拔下生长的影响不同，就温度而言，无论 600m 还是 900m，不同季节的温度对马尾松不同海拔的生长均不存在显著影响，涪陵多年均温为 9℃，基本没有零下的记录，这种温度处于适合马尾松生长的温度范围。而降水量和湿度指数只在海拔 600m 时对马尾松生长存在显著影响，即当年夏季的降水量和湿度指数与马尾松的径向生长成正相关，随着海拔升高，这种影响越不明显，海拔越高，温度随之降低，光照增强，这种综合作用削弱了降水量、湿度指数所产生的影响。马尾松生长不仅受到季节气候因子的影响，可能也与某个月份的气候因子存在关系。

2. 马尾松生长与月份气候因子的关系

表 3-3 表明，不同海拔树木生长与温度、降水量之间的关系是不同的。海拔 600m 的马尾松生长与温度关系不显著，而与 5 月、6 月的降水呈现显著和极显著相关，涪陵地区 5 月、6 月时马尾松已经进入生长旺季，充足的水分能促进树木水分循环，增强养分吸收从而促进营养物质的积累。而海拔 900m 的马尾松生长不仅受当年 5 月、6 月温度的影响，还受上年 11 月降水和湿度指数的影响，在一定范围内 5 月、6 月温度的增加可促进植物光合作用，从而促进植物生长；暖冬有利于马尾松冬芽的萌动、保持土壤水分和第二年树木的生长，11 月马尾松基本停止生长，充足的降水，有利于保持土壤熵值，为第二年的快速生长提供保障。

表 3-3　马尾松年轮宽度指数与月份气候因子的相关关系

月份	海拔 600m			海拔 900m		
	温度	降水量	湿度指数	温度	降水量	湿度指数
7	0.072	0.203	0.194	0.083	–0.009	–0.017
8	0.269	–0.254	–0.240	0.045	0.113	0.088
9	0.116	–0.04	–0.069	0.029	–0.076	–0.073
10	–0.232	–0.396	–0.371	0.021	–0.036	–0.035
11	0.043	–0.027	–0.020	–0.085	0.350*	0.349*
12	0.025	–0.201	–0.220	–0.085	0.203	0.221
1	0.032	0.226	0.200	0.141	0.060	0.041
2	0.222	0.135	0.087	–0.068	0.019	–0.003
3	0.055	0.067	0.040	–0.032	–0.089	–0.083
4	0.317	0.01	–0.063	0.086	–0.013	–0.023
5	–0.207	0.441*	0.440*	0.321*	–0.024	–0.069
6	0.085	0.487**	0.467*	–0.293*	0.126	0.167
7	–0.017	0.134	0.129	0.094	0.104	0.097
8	0.299	0.175	0.145	–0.06	0.213	0.199
9	0.244	0.022	–0.002	0.006	0.114	0.110
10	–0.115	–0.24	–0.232	0.083	–0.042	–0.057
11	0.119	–0.009	–0.015	–0.013	0.212	0.205
12	–0.053	0.067	0.058	–0.180	0.141	0.178

*表示 0.05 水平上显著相关；**表示 0.01 水平上极显著相关

3.1.2　马尾松生长与气候因子关系的单年分析

分析马尾松年表的年度变化情况，在海拔 900m 分别在 1964 年和 1976 年出现了最宽年轮和最窄年轮，而海拔 600m 最宽年轮不明显，只在 2000 年表现出突出的窄轮。进一步对典型年份进行单年分析。影响海拔 900m 马尾松径向生长的气候因子是 5 月、6 月的温度和上年 11 月的降水量。影响海拔 600m 马尾松径向生长的气候因子是 5 月、6 月的降水量（图 3-3）。下面分别就不同海拔下马尾松生长与气候因子之间的关系做进一步分析。

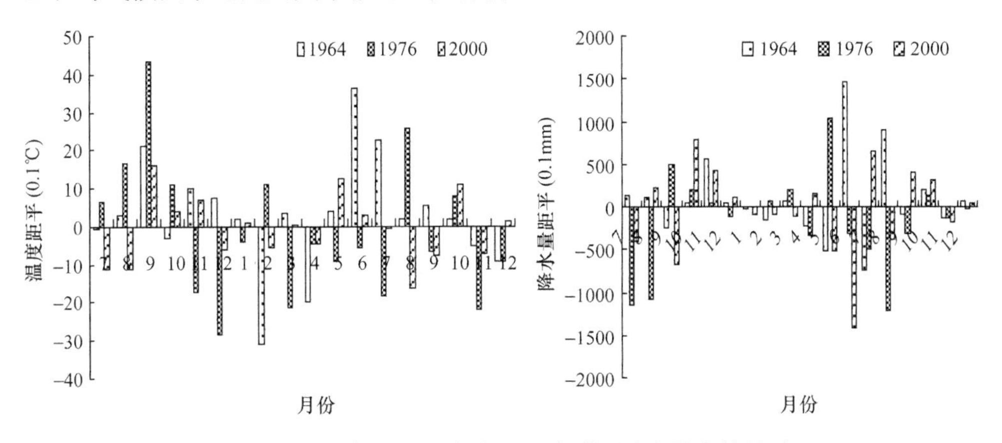

图 3-3　1964 年、1976 年和 2000 年的温度和降水量距平

1. 海拔 900m 的分析

马尾松生长与当年 5 月、6 月的温度和上年 11 月的降水成显著正相关，1963 年 11 月的降水量为 110.9mm，显著高于历史同期的 54.4mm，1964 年 5 月、6 月的平均温度分别为 23.5℃和 25.2℃，高于历史同期的 21.9℃和 24.9℃，因此形成了 1964 年的最宽年轮；1975 年 11 月降水量仅为 58.2mm，1976 年 5 月、6 月温度为 21.0℃和 24.3℃，低于历史平均值，形成 1976 年的窄轮，从图 3-3 可以清楚地看出，1964 年温度距平为正，1976 年温度距平为负，进一步印证了年轮宽度指数与月份气候因子之间的关系。

2. 海拔 600m 的分析

由图 3-3 可以看出，2000 年 5 月、6 月的降水显著低于历史平均值，1999 年 8 月降水量大，温度低，形成了较高的湿度指数，而在 1999 年 11 月虽然温度并没有低于历史平均值，但其降水量显著高于历史平均值，也形成了较高的湿度指数，进一步说明海拔 600m 马尾松生长与 5 月、6 月温度成正相关。

3.1.3 马尾松生长与气候因子的关系模型

由于不同海拔马尾松生长受不同气候因子的影响，因此采用多元回归模型描述年轮宽度指数与气候因子之间的关系（图 3-4），所得模型如下：

$$RWI_{600}=-3.298+0.036\ln P_5+0.674\ln P_6+0.037H_5-0.089H_6\ (R^2=0.494)$$

式中，P_5、P_6、H_5、H_6 分别为 5 月、6 月的降水量和湿度指数。

$$RWI_{900}=1.118+0.009\times T_5-0.010\times T_6+0.069\times H_{-11}\ (R^2=0.247)$$

式中，T_5、T_6 为当年 5 月、6 月温度，H_{-11} 为上年 11 月湿度指数。

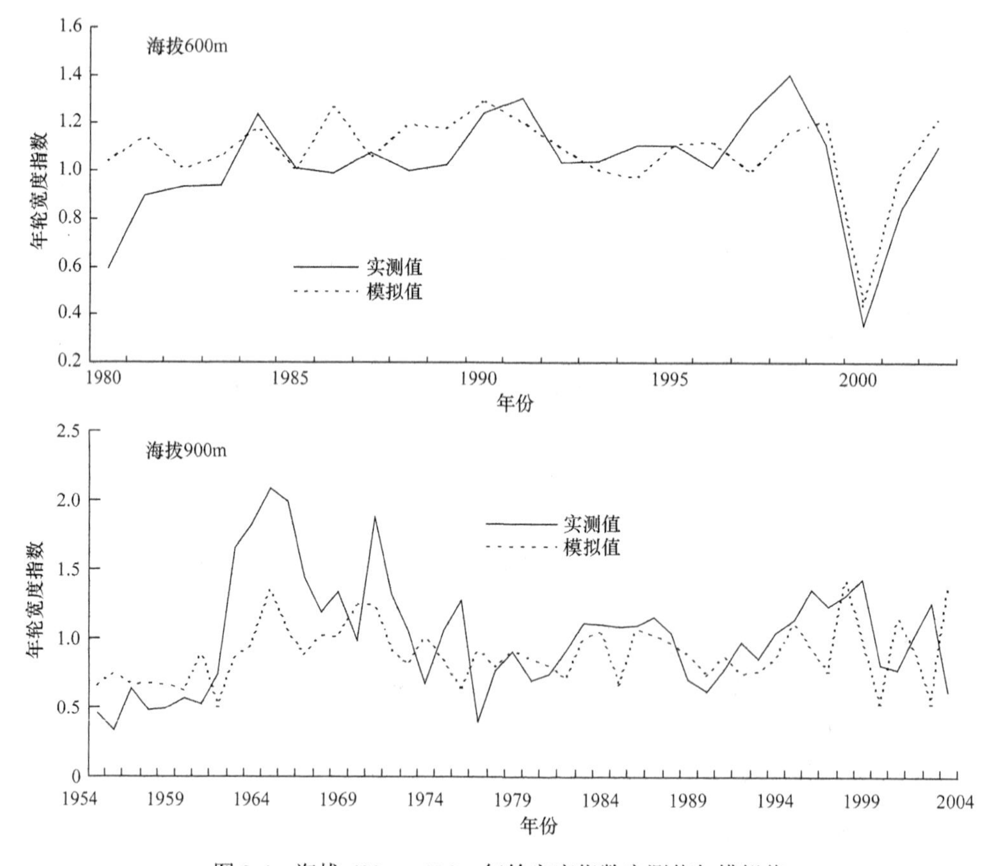

图 3-4 海拔 600m、900m 年轮宽度指数实测值与模拟值

从以上两个方程式可以看出，不同海拔的马尾松与不同的环境因子相关，但主要受 5 月、6 月气候因子的影响，因此 5 月、6 月对马尾松生长起到关键作用。

经方差检验，两个方程的模拟值与实测值都达到了显著相关水平。从图 3-4 可以看出，两个海拔年轮宽度指数模拟值与实测值基本吻合，进一步证明马尾松生长与环境因子之间的密切关系。

3.1.4 讨论

马尾松生长对气候变化响应敏感，因此可以用年轮气候学理论和研究方法，研究马尾松生长对气候的响应，在马尾松生长与气候因子关系的模型中，海拔 600m 和海拔 900m 均达到显著水平，结合年轮统计特征，说明高海拔马尾松在年轮气候学分析中比低海拔马尾松更适合作为研究对象，这一结论与于大炮等（2005）对长白山落叶松的分析结果相同。就三峡库区涪陵来讲，主要是低海拔地区人为活动频繁，马尾松生长受人为因素的干扰比高海拔要强，同时低海拔马尾松松林中群落结构复杂，灌木和草本种类明显高于高海拔马尾松林分，因此马尾松生长受其他树种竞争的干扰，这削弱了马尾松对外界环境反应的敏感度，因此干扰了气候因子和马尾松生长的相关性。

不同海拔马尾松生长对气候的响应不同，对三峡库区涪陵马尾松生长影响最显著的是 5 月、6 月的气候因子，主要是温度和降水量，同时还有上年湿度指数也能影响马尾松当年的生长。海拔 600m 时，马尾松生长主要受 5 月、6 月降水量和 5 月、6 月湿度指数的影响，而海拔 900 时，受 5 月、6 月温度及上年 11 月降水量和湿度指数的影响。湿度指数对马尾松生长影响说明不同海拔马尾松生长对气候的不同响应是温度和降水综合作用的结果。

马尾松生长对季节气候因子响应表现出的不同可能与不同海拔生长季节的长短有关。同时，由于三峡库区地形复杂，不同地形的水热变化较大，由此带来的气候对树木的综合影响会明显不同，本节是就库区上游的涪陵为试区进行分析的，所得结论对库区其他地方的马尾松生长与气候的关系研究具有借鉴意义，但并不能代表整个三峡库区马尾松生长与气候的关系，因此可以进一步选取其他地区，如库区中游和下游的马尾松进行进一步对比分析，揭示三峡库区复杂地形条件下马尾松生长与气候的关系。

3.2 三峡库区中游马尾松生长与气候的关系

大量年轮宽度与气候因子的相关分析表明，年轮宽度与气候因子有着复杂的相关关系，这种关系不但受气候因子之间的相互制衡和树木生长节律的影响（侯爱敏等，1999），而且也受到坡向（Liang et al.，2006）、海拔梯度（Liu et al.，2006）

等微环境的影响。我国学者曾经揭示树木年轮宽度与气候因子随着海拔的不同而表现出不同的关系（兰涛等，1994；于大炮等，2005；彭剑峰等，2006）。研究该地区马尾松树木年轮的文献不多见，其他地区马尾松树木年轮研究表明，马尾松生长主要受上年降水量的影响，且4～7月、9～11月降水量大有利于胸径生长，8月降水量对直径生长影响不显著（Liu et al.，2006）。本研究通过分布在海拔上限和下限的马尾松树木年轮年表特征及其与气候因子响应关系的不同，揭示该地区马尾松生长与气候的关系。

3.2.1 年表生成

树木年轮气候学研究要求尽量选择树木生长过程中受到气候限制的地区作为采样地点，如位于森林植物群落或该树种分布的最南、最北界及上限和下限的位置，因为这些位置年轮的形成显著受到气候因子的影响（孙凡和钟章成，1999）。本节研究了马尾松在云阳地区分布上限和下限的生长区别及对气候因子的敏感性。马尾松在云阳分布于海拔200～1100m。采样点概况见表3-4。

表 3-4 采样点概况

项目	下限	上限
海拔/m	250	1090
经度（E）	108°42′	108°34′
纬度（N）	31°02′	31°00′
采集样本数量	60	180
时间序列长度/年	25	30

马尾松分布上限、下限的树芯均采自人工纯林，人工造林后基本没有人为干扰。上限的马尾松林分郁闭度0.8，为东北坡向，灌木平均高35cm，草本盖度在50%左右；下限的林分郁闭度0.7，为东南坡向，灌木平均高40cm，草本盖度在60%左右。

3.2.2 分布上限和下限的马尾松生长树木年轮年表的变化

从图3-5可以看出，上限和下限的马尾松生长树木年轮年表具有不同的变化趋势和不同的变化特征，两条曲线的峰值也表现不一致，说明上限和下限马尾松生长可能受到不同限制因子的影响，上限曲线的变化幅度略高于下限。1994年前后马尾松生长上限出现了与下限不一致的现象，即出现最低值，而且与下限马尾松的生长趋势明显不同，上限、下限海拔相差 900m，上限海拔在 1100m 左右，海拔的差异可能导致气温对马尾松生长的限制性作用增强，而且马尾松在长江中上游地区的海拔分布是 1000～1200m，1100m 已经接近分布海拔的上限，导致气温和降水量的变化影响了马尾松的生长，1992 年是出现拐点的第一年，当年冬季的平均气温比多年平均气温低 0.7℃，11 月的气温比多年平均气温低 1.7℃，低温消耗了当年的累积能量，低温高湿可能是导致上限、下限不一致的原因。两个年表统计特征也进一步说明了这一特征。

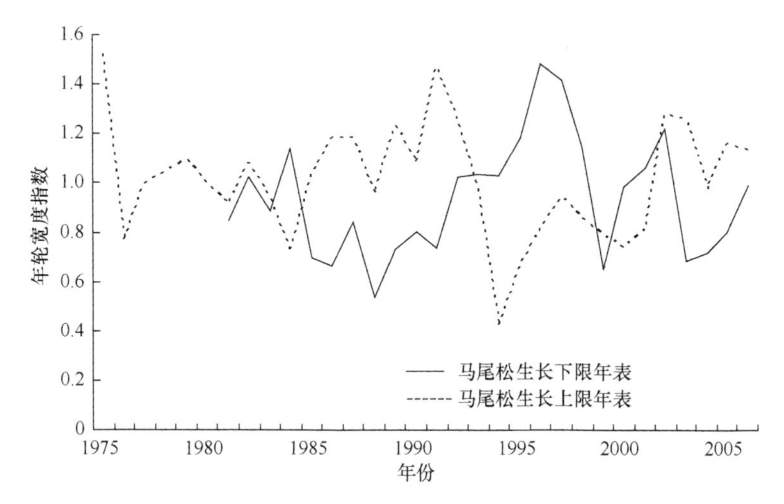

图 3-5　云阳分布上限和下限的马尾松树木年轮宽度标准年表

平均敏感度是用来度量相邻年轮之间年轮宽度变化情况的，所以它主要反映气候的短期变化或高频变化（吴祥定，1990）。平均敏感度大的样本可能包含较多的气候信息（Schweigruber，1996）。由表 3-5 可知，马尾松生长上限的平均敏感度高于下限，说明上下限马尾松的生长可能反映了不同的环境信号，生长在上限的马尾松敏感性高于下限马尾松，这与勾晓华等（2004）对祁连山青海云杉（*Picea crassifolia*）年表分析结果基本一致，而与于大炮等（2005）对长白落叶松（*Larix olgensis*）的年轮分析结果相反。样本间相关系数表明样本间变化的一致性，马尾松下限的相关系数比上限的小，表明上限的马尾松生长与环境变化的一致性比下限强。信噪比是衡量年表中气候信息与其他噪声的比值，可度量所有样本表达共有的环境信息量的多少，表 3-5 显示，马尾松分布上限信噪比明显高于下限（除 R1 外），表明上限马尾松所含环境信息更丰富。

表 3-5 年表统计特征

采样点	海拔/m	MS	PCI	mean	SD	SNR	EPS	R1	R2	R3
下限	250	0.2068	52.74	0.9367	0.2399	3.593	0.782	0.452	0.418	0.636
上限	1090	0.2144	46.92	1.0104	0.2336	12.58	0.926	0.43	0.425	0.732

注：MS 为平均敏感度；PCI 为第一主成分所占方差量；mean 为序列在共同区间内的平均指数值；SD 为标准差；SNR 为信噪比；EPS 为样本对总体的解释信号；R1 为样本间平均相关系数；R2 为不同树样本间相关系数；R3 为同株树样本间相关系数

3.2.3 分布上限和下限的马尾松生长与季度气候因子的关系

为进一步分析上限和下限马尾松生长对气候变化的响应，分别就上限和下限年表与季度和月份的气候因子进行相关分析（表 3-6）。

表 3-6 分布上限、下限的马尾松生长与季节气候因子的相关关系

上限	温度	降水	下限	温度	降水
上年秋	0.377*	–0.419*	上年秋	0.185	–0.152
上年冬	–0.081	–0.096	上年冬	–0.155	0.421
当年春	0.187	0.358	当年春	0.074	0.361
当年夏	–0.326	0.160	当年夏	–0.085	–0.273
当年秋	–0.292	0.080	当年秋	0.225	–0.166
当年冬	–0.041	–0.220	当年冬	–0.011	0.089

*表示 0.05 水平上显著相关

由表 3-6 可知，分布在上限的马尾松生长与气候因子之间的关系比下限更紧密，进一步印证了对年表特征的分析结果，当年气候因子对上限生长的影响不大，而上年秋季的气候因子对其生长有显著影响（$P<0.05$），说明上年 7～9 月降水越少，分布在海拔上限的马尾松生长越快。随着海拔的增高，降水量有所增加，马尾松为阳性树种，适宜年均温度 13～22℃，降水量 800mm 以上，耐干旱，云阳平均降水量为 1100mm，因此过多的降水会抑制马尾松的生长。

3.2.4 分布上限和下限的马尾松生长与月份气候因子的关系

为进一步了解分布上限和下限马尾松生长与气候因子的关系，本研究分析了马尾松生长与月份气候因子之间的相关关系（表 3-7）。因为马尾松上年的生长和气候条件同样会影响树木当年的生长，因此月份气候因子包括上年某些月份气候因子。结果表明，分布上限马尾松的生长比下限更受气候因子的影响，这与前文的结果一致。而且上限马尾松生长与当年气候因子关系不显著，而与上年气候因

子的关系更紧密；下限马尾松生长只与当年气候因子相关。具体来讲，上限马尾松生长受上年 7 月温度和上年 8 月降水的影响，上年 7 月温度越高，马尾松生长越快；在一定范围内，上年 8 月降水越少，越能促进马尾松生长。树木的生长对上年气候条件的反应，与植物上年光合产物的积累有关，且这种现象在树木年轮气候学中广泛存在（郑永宏等，2008；Liang et al.，2001）。下限马尾松生长与温度关系不显著，仅受 3 月降水的影响。云阳年平均温度 18.7℃，正处于马尾松的适宜温度 13～22℃，因此分布在下限的马尾松生长不受温度影响，随着海拔升高，温度降低，温度成为影响马尾松生长的气候因子；在马尾松分布下限，3 月正处于马尾松树液萌动期，3 月降水量增加，土壤水分增加，促进植物水分循环，从而促进生长；马尾松有干旱向水、水多避水的生长特性，分布在森林上限的马尾松上年 8 月降水过多会抑制马尾松的生长。

表 3-7　上限、下限马尾松年轮宽度指数与月份气候因子的相关关系

			1 月	2 月	3 月	4 月	5 月	6 月	7 月	8 月	9 月	10 月	11 月	12 月
上限	上年	温度							0.404*	0.244	0.189	–0.061	–0.141	0.063
		降水							–0.363	–0.395*	–0.117	–0.129	0.024	0.035
	当年	温度	0.319	0.062	0.066	–0.236	–0.257	–0.058	–0.176	–0.32	–0.097	0.06	–0.242	0.168
		降水	0.202	0.26	0.217	0.062	0.181	0	0.012	–0.01	0.171	–0.305	0.065	0.101
下限	当年	温度	–0.209	0.067	0.248	–0.025	–0.204	0.099	0.142	0.179	0.152	0.092	0.056	–0.202
		降水	–0.027	0.044	0.513*	–0.218	–0.256	0.086	–0.156	0.108	–0.351	0.004	0.149	–0.006

*表示 0.05 水平上显著相关

3.2.5　分布上限和下限马尾松生长对气候因子响应的验证

为了更好地理解上限、下限马尾松生长对气候因子的响应，选取具有代表性的年份，通过具体年份马尾松生长与气候因子的关系验证以上结论。

由表 3-8 可以检验下限马尾松生长与当年 3 月降水的关系，1996 年为年轮生长的最大年份，而当年 3 月降水量比多年平均降水量高出 130%，1998 年为下限马尾松年轮生长的最低年份，当年 3 月降水量仅为多年平均降水量的 57.4%，因此，对于分布在海拔下限的马尾松来讲，3 月降水量的多少是当年马尾松生长的重要限制因子。对于分布在海拔上限的马尾松来讲，1994 年为马尾松年轮生长的最低年份，而 1993 年 7 月温度较多年平均低 1℃，1993 年 8 月降水 279.7mm，比当月多年平均降水量 141.3mm 高出将近一倍，1991 年为年轮生长最大年，不仅 1990 年 7 月温度高，而且降水量 37.3mm，仅为该月多年平均降水量的 26%，这很好地验证了在马尾松生长上限，年轮生长与上年 7 月温度呈显著正相关，而与上年 8 月降水呈显著负相关。

表 3-8　典型年份马尾松生长与气候因子关系的验证

	典型年份	1996	1998
下限	年轮宽度指数	1.483	0.654
	当年 3 月降水量/mm	94.9	23.6
	多年平均降水量/mm	41.1	41.1
	典型年份	1991	1994
上限	年轮宽度指数	1.472	0.423
	前年 7 月温度/℃	27.8	26.3
	多年平均温度/℃	27.3	27.3
	前年 8 月降水量/mm	37.3	279.7
	多年平均降水量/mm	141.3	141.3

3.2.6　讨论

研究发现，重庆云阳分布在海拔上限、下限的马尾松生长对气候的响应符合一般规律，即分布在海拔上限的马尾松生长主要受温度的影响，而下限的树木生长主要受降水的影响。森林上限和下限树木年轮宽度标准年表的特征值表现出差异，上限信噪比明显高于下限，表明上限马尾松所含环境信息更丰富。

分布在海拔上限和下限的马尾松生长与气候因子的关系表现不同，下限生长与气候关系不显著，而分布在海拔上限的马尾松生长只与上年第三季度的温度和降水显著相关，与其他季度的气候因子关系不显著。马尾松分布上限、下限的年轮宽度指数与单月气候因子的关系进一步证实了这一结果，分布在海拔下限的马尾松生长受当年 3 月降水的显著影响，而上限则受上年 7 月温度和上年 8 月降水的显著影响。因此森林上限前期生长对树木年轮宽度存在“滞后效应”。此外，本研究还利用典型年份的气候因子进一步证实了相关分析的结果。

3.3　三峡库区下游马尾松生长与气候的关系

本研究试用秭归马尾松的年轮资料探讨气候因子对马尾松树木生长的影响，了解三峡库区马尾松生长与气候的关系，以及随海拔梯度其关系的变化。

3.3.1 年表生成

在秭归马尾松不同海拔年表中，STD 和 RES 两种年表第一主成分所占方差量（variance in first eigenvector）的比例分别为 900m 处 61.20%和 56.03%、600m 处 40.33%和 44.58%、300m 处 42.64%和 42.99%。平均敏感度（MS）表明样本所含气候因子的多少。研究表明，平均敏感度大的样本保持的气候信息多，而且与大气变化的关系也密切（Schweigruber，1996），秭归地区平均敏感度为 0.19～0.27，都在年表所要求的 0.15～0.8 范围内，就平均敏感度来讲，为较好的年表，属于敏感系列范围（吴祥定，1990）。平均敏感度在海拔梯度上没有表现出明显的规律。

信噪比（SNR）是衡量年表中气候信息与其他噪声的比值，可度量所有样本所表达共有的环境信息量的多少，不同海拔信噪比在 8～12，均大于 3（吴祥定，1990），从表 3-9 中及上述信息可知，秭归马尾松不同海拔的 STD 和 RES 两种年表都属于合格年表，马尾松生长对气候变化敏感，可以用来研究树木生长与环境因子的关系，表明马尾松可以用于研究生长与气候的关系。

表 3-9　不同海拔马尾松树木年表的统计特征

	900m		600m		300m	
	STD	RES	STD	RES	STD	RES
平均值	0.9496	0.9562	0.992	1.0022	0.9943	0.9956
中间值	0.9075	0.9451	1.0173	1.0255	1.03	0.9967
平均敏感度	0.215	0.2685	0.1915	0.2177	0.2194	0.2413
标准差	0.2636	0.2488	0.196	0.1874	0.2420	0.2186
一阶自相关系数	0.5055	0.0984	0.2182	–0.1274	0.3571	0.069
信噪比	12.954	10.514	8.267	10.495	8.234	8.903
不同树间相关系数	0.564	0.513	0.341	0.396	0.354	0.372
总体代表性	0.9741	0.9683	0.9614	0.9692	0.9504	0.9541

由不同海拔梯度年表统计特征可以看出，随着海拔的升高，马尾松年表各项特征大部分呈现升高的趋势。尤其是信噪比表现比较明显，海拔 300m、600m、900m 的信噪比平均值分别为 8.6、9.4、11.7，明显随海拔升高，其年轮所包含气候信息逐步升高。不同树间的平均相关系数（r）也进一步证明了这一点。

树间年轮宽度变化的同步性、相关系数越高，样本建立的年表所包含的环境信息就越丰富，而海拔 300m、600m、900m 处的平均 r 值分别为 0.36、0.37、0.54，所含环境信息逐步增加，表明秭归地区马尾松生长随海拔的升高对气候变化越来越敏感，这与目前大家普遍认同的海拔越高，生长受温度控制程度越大的观点是一致的。从图 3-6 可以看出，各个海拔梯度 STD 年表和 RES 年表表现的趋势基本一致，且两种年表统计特征量 RES 年表各项指标要好于 STD 年表，因此我们在与环境因子的相关关系中，只就 RES 年表进行分析。

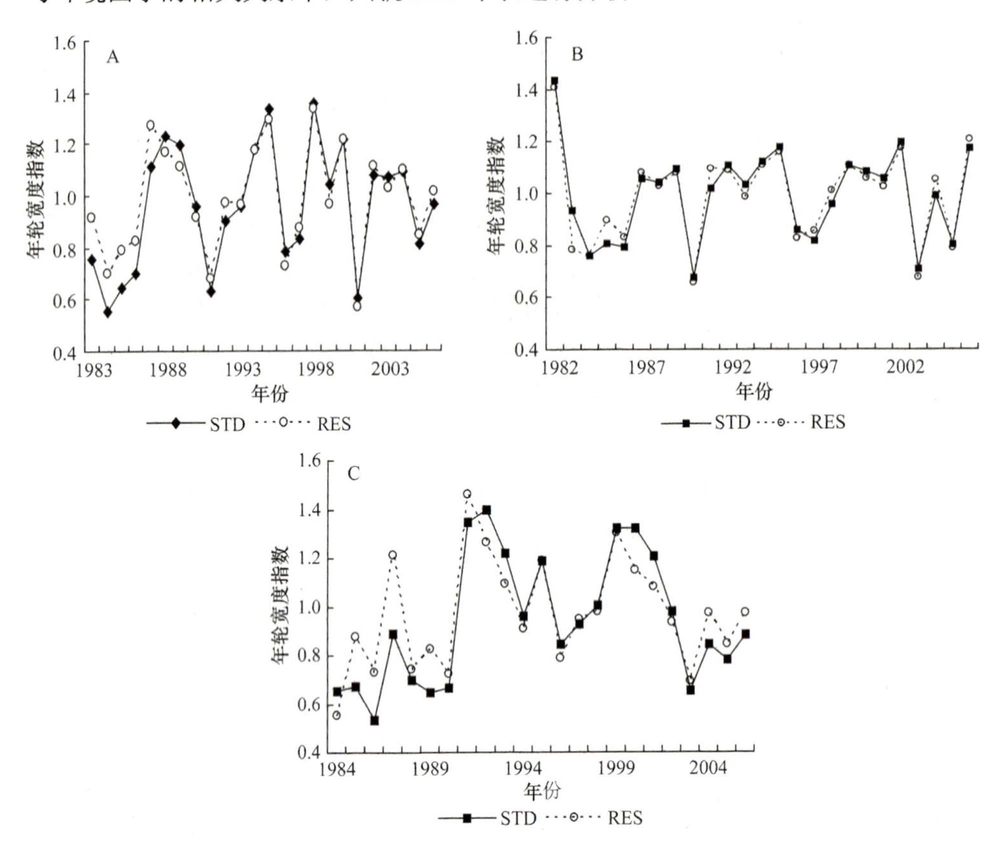

图 3-6 马尾松 300m 海拔年表（A）、600m 海拔年表（B）和 900m 海拔年表（C）

3.3.2 马尾松生长与气候因子的关系

本研究通过分析年表与气候因子的相关关系来反映树木径向生长与气候因子的相关关系。因为当年树木生长不仅与当年的气候条件有关，在一定情况下也可能受上年气候因子的影响，因此，我们选取上年 6～12 月的气候因子及当年 1～12 月的气候因子与年表进行分析。为了反应温度和降水对树木生长的综合影响，用降水和温度的比值，即湿润指数作为反应气候的另外一个因子。

1. 马尾松生长与季度气候因子的关系

由表 3-10 可见，马尾松生长对季节气候因子的响应不同，季节气候因子对海拔 300m、900m 的马尾松生长都没有显著影响，只有海拔 600m 上年冬季湿度指数跟生长呈现明显负相关，也就是上年湿度指数越低，第二年马尾松生长越好。湿度指数是降水与温度的比值，在表 3-10 中可见，海拔 600m 湿度指数对马尾松生长的影响主要是降水的作用，即冬季降水越少，越能促进第二年马尾松的生长。土壤水分过高，会使土壤缺 O_2，CO_2 含量提高，阻碍根系呼吸和养分吸收，秭归地区冬季降水多年平均为 1067mm，比较充足，因此过多的降水会降低马尾松的径向生长。

表 3-10　马尾松年轮宽度指数与季节气候因子的相关关系

季节	300m			600m			900m		
	温度	降水	湿度指数	温度	降水	湿度指数	温度	降水	湿度指数
上年秋	0.163	0.060	−0.234	0.190	−0.168	−0.173	0.376	−0.194	−0.206
上年冬	−0.016	−0.254	0.207	0.075	−0.377	−0.415*	0.219	−0.340	−0.354
当年春	0.188	0.030	0.024	0.333	0.109	0.129	0.400	0.033	−0.009
当年夏	0.268	0.053	0.048	−0.004	0.100	0.103	−0.008	−0.230	−0.222
当年秋	−0.077	0.170	0.169	−0.087	−0.136	−0.125	−0.134	0.034	0.033
当年冬	0.291	−0.073	−0.174	0.025	−0.169	−0.213	0.129	−0.112	−0.244

*表示 0.05 水平上显著相关

2. 马尾松生长与月份气候因子的关系

由表 3-11 可见，海拔 300m 时马尾松生长受上年 6 月、10 月降水的影响显著，受当年温度和降水的影响不显著，6 月、10 月马尾松正处于生长旺盛时期，土壤水分的补充主要靠降水，充足的降水提高水分吸收和利用，同时降水可加快光合产物积累并促进植物的后期生长（Zhang et al.，2003）；海拔 600m 时马尾松生长主要受上年 6 月温度和 11 月降水及当年 7 月降水的影响；海拔 900m 时马尾松生长主要受 2 月温度的影响，即 2 月温度越高，马尾松生长越好，秭归地区 2 月平均温度已经达到 8.37℃，这时温度上升，促进树液流动，加快春芽萌动，对当年生长起到促进作用。这一结果与兰涛等（1994）对安徽马尾松的研究结果基本一致。

不同海拔马尾松生长与温度和降水之间表现出不同的关系，在海拔 300m 和 600m 时，生长受温度的影响不明显，尤其受当年温度的影响不明显，与上年某些月份的温度、降水关系显著，而到海拔 900m 时，当年 2 月的温度能显著影响当年马尾松的生长，r=0.506（P<0.01），与上年的气候因子均不存在显著相关。在秭归地区，马尾松生长因海拔的不同与气候因子之间呈现出不同的关系：海拔较低时马尾松的生长受降水影响更大一些，而且上年的气候因子与当年马尾松生长也存在关系；随着海拔的升高，马尾松生长与温度显著相关，而在正常气候条件下生长季的降水和湿度指数对当年马尾松生长影响不显著，受上年气候因子的影响也不显著。

表 3-11　马尾松年轮宽度指数与月份气候因子的相关关系

月份	300m			600m			900m		
	温度	降水	湿度指数	温度	降水	湿度指数	温度	降水	湿度指数
6	0.107	−0.432*	−0.436*	0.417*	−0.382	−0.413	0.281	−0.083	−0.104
7	−0.007	−0.129	−0.122	0.230	−0.284	−0.294	0.204	−0.238	−0.259
8	−0.041	0.055	0.062	0.091	0.243	0.247	0.329	0.097	0.087
9	−0.057	−0.334	−0.324	0.113	−0.324	−0.305	0.242	−0.346	−0.325
10	−0.176	−0.417*	−0.416*	−0.274	−0.187	−0.174	−0.067	−0.373	−0.371
11	0.000	−0.034	−0.050	0.275	−0.416*	−0.403*	0.162	−0.088	−0.101
12	0.097	0.039	−0.023	0.081	0.018	−0.018	0.189	−0.013	−0.066
1	0.160	0.038	0.026	0.255	0.302	0.265	0.380	0.289	0.188
2	0.206	−0.048	−0.043	0.321	0.084	0.061	0.506*	0.019	−0.057
3	0.04	0.092	0.069	0.141	−0.063	−0.078	0.063	−0.053	−0.036
4	0.287	0.066	0.048	0.049	0.060	0.064	0.054	−0.115	−0.118
5	0.170	0.139	0.113	0.003	0.030	0.034	0.076	−0.154	−0.149
6	−0.025	−0.062	−0.059	−0.097	0.077	0.083	−0.295	−0.158	−0.138
7	0.085	−0.007	−0.013	0.295	−0.409*	−0.407*	−0.136	−0.116	−0.108
8	−0.057	0.239	0.234	−0.163	0.126	0.113	−0.184	0.222	0.218
9	−0.179	0.096	0.104	−0.248	0.098	0.109	0.101	−0.083	−0.088
10	0.156	0.033	0.026	0.093	−0.032	−0.032	0.059	0.139	0.141
11	0.040	−0.161	−0.147	−0.121	−0.265	−0.231	−0.039	−0.304	−0.285
12	0.400	−0.166	−0.279	0.099	−0.074	−0.122	0.276	−0.404*	−0.465*

*表示 0.05 水平上显著相关

3.3.3　马尾松生长与气候因子关系的单年分析

分析马尾松年表的年度变化情况，海拔 300m 时，2001 年为最小年，1998 年为最大年，年轮宽度指数分别为 0.566 和 1.334；海拔 600m 时，1990 年为最小年，1982 年为最大年，年轮宽度指数分别为 0.658 和 1.406；海拔 900m 时，1984 年为最小年，1991 年为最大年，年轮宽度指数分别为 0.55 和 1.46。本研究分别就不同海拔典型年份进一步分析马尾松生长与气候的关系，同时验证以上分析的可靠性。

1. 海拔 900m 的分析

海拔 900m 的年轮分析进一步证实了马尾松生长与气候因子的关系。图 3-7D 显示 1991 年 2 月温度距平大于 3℃，即当年 2 月温度高于多年平均值，而降水远低于多年平均降水量，导致当年马尾松的快速生长，进一步证实马尾松生长与月份气候因子的相关关系。图 3-7B 显示 1984 年的 2 月温度距平–2.15℃，比多年平均值低 2℃多，虽然 2 月降水距平也为负值，但 11 月温度较高，高温加速了水分的蒸发，降低了降水对生长的负作用，使 1984 年出现 20 年来的最低值。1984 年的最低值和 1991 年的最高值及其与气候因子的关系，进一步印证了年轮宽度指数与月份气候因子的关系。

2. 海拔 600m 的分析

图 3-7A 显示 1981 年 11 月和 1982 年 7 月的降水距平分别为 1.14mm 和 40.53mm，虽然降水量距平较高，但温度都较低。1984 年年轮宽度指数的最大值、单年分析、1982 年的数据都与月份温度拟合的结果不太吻合。图 3-7C 显示 1989 年 11 月 1990 年 7 月的降水量距平与前文的结论不太相符，单年分析结果不佳，这可能与海拔 600m 树芯的获取过于分散有关，其他海拔树芯获取在海拔上相对比较集中，能够集中反应该海拔梯度与气候的关系。

3. 海拔 300m 的分析

海拔 300m 马尾松生长与温度关系不显著，只与上年 6 月、10 月的降水呈负相关。图 3-7E 显示 1997 年 6 月、10 月降水量距平为–109.2mm 和 7.8mm，较低的降水量导致了 1998 年年轮宽度指数的较大值，即径向生长为 20 年来的最大值，年轮宽度指数为 1.334；图 3-7F 显示 2000 年 6 月降水量较大，远高于多年平均值，而 10 月降水略高于多年平均值，而 2001 年的径向年轮宽度指数年轮宽度指数为 0.566，为 24 年来最低值，很好地证实了前文分析的相关关系。

3.3.4　马尾松生长与气候因子的关系模型

由于不同海拔马尾松生长受不同气候因子的影响，因此采用多元回归模型描述年轮宽度指数与气候因子之间的关系（图 3-8～图 3-10），所得模型如下：

$$RWI_{300}=1.32+0.013P_{-6}-0.000\,035(P_{-6})^2-0.044P_{-10}+0.00022(P_{-10})^2-0.4289H_{-6}+0.028(H_{-6})^2+0.8676\,H_{-10}-0.083(H_{-10})^2 \quad (R^2=0.55,\ P<0.05)$$

式中，P_{-6}、P_{-10}、H_{-6}、H_{-10} 分别为上年 6 月、10 月的降水量和湿度指数。

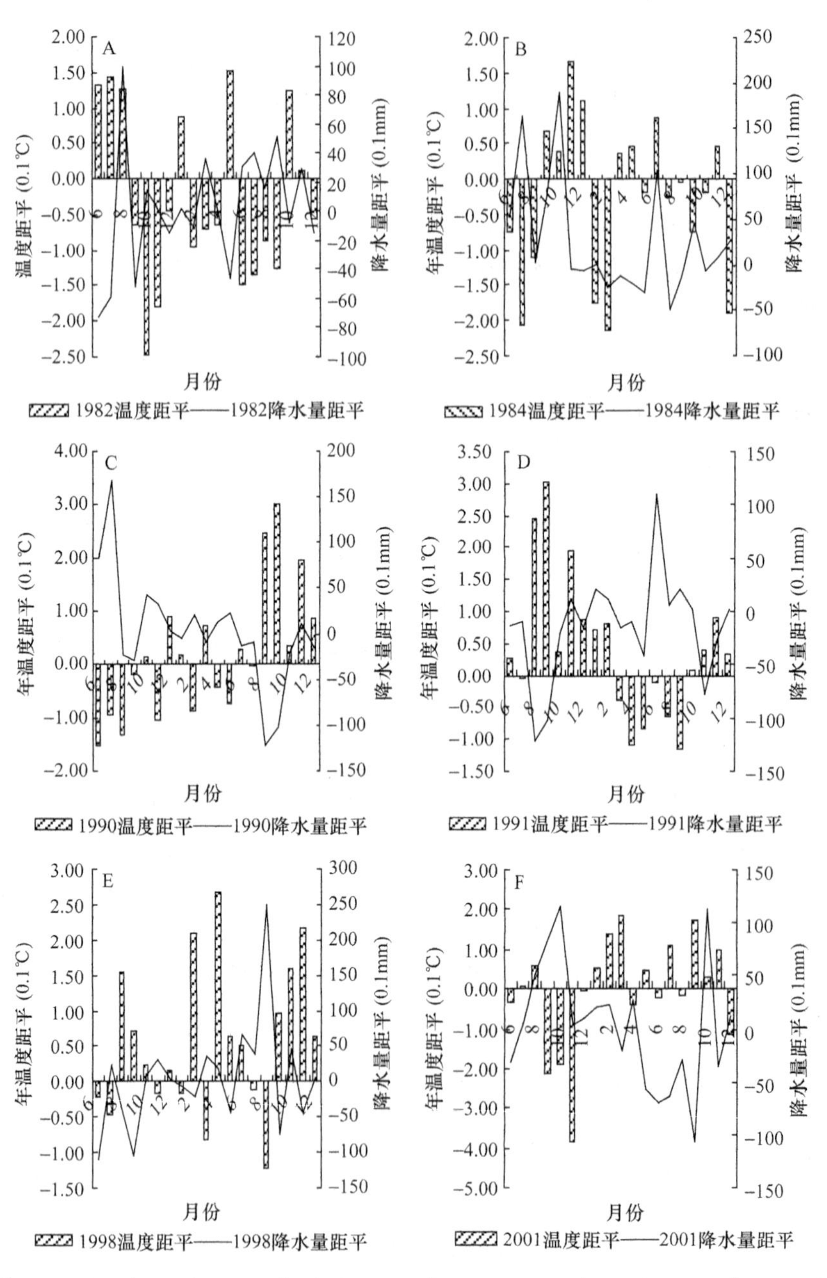

图 3-7　1982 年（A）、1984 年（B）、1990 年（C）、1991 年（D）、1998 年（E）和 2001 年（F）的月平均气温和月总降水量距平的变化

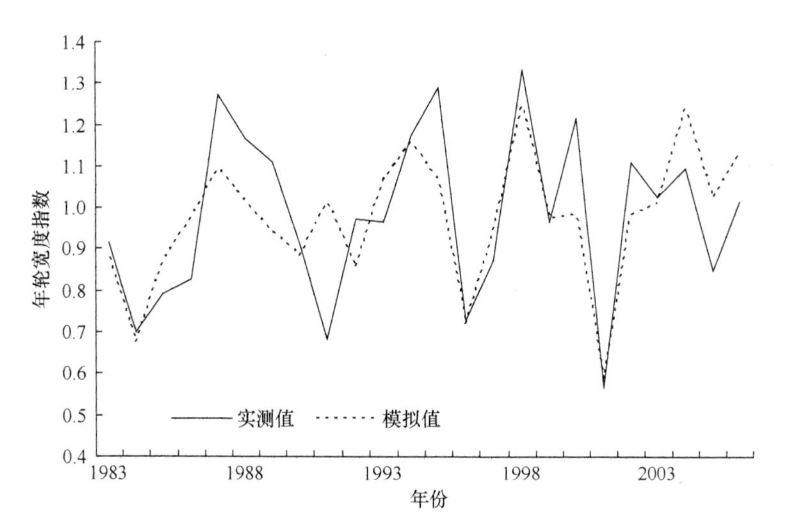

图 3-8　海拔 300m 处年轮宽度指数实测值与模拟值

$$RWI_{600}=1.20+0.005P_7-0.05H_{-11}+0.003(H_{-11})^2-0.169H_7+0.003(H_7)^2\ (R^2=0.36,\ P<0.05)$$

式中，P_7、H_{-11}、H_7 分别为当年 7 月降水、上年 11 月湿度指数和当年 7 月湿度指数。

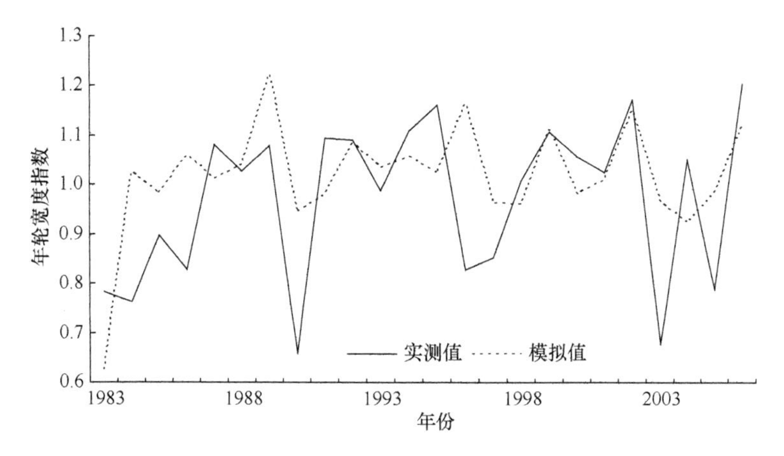

图 3-9　海拔 600m 处年轮宽度指数实测值与模拟值

$$RWI_{900}=-0.28+0.20T_2-0.008(T_2)^2-0.057P_{12}-0.002(P_{12})^2-0.22H_{12}+0.053(H_{12})^2\ (R^2=0.51,\ P<0.05)$$

式中，T_2、P_{12}、H_{12} 为当年 2 月温度、12 月降水和 12 月湿度指数。

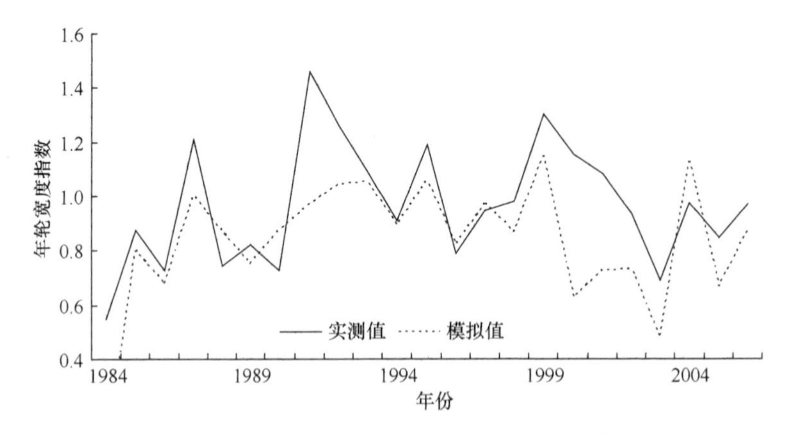

图 3-10 海拔 900m 处年轮宽度指数实测值与模拟值

3.3.5 讨论

在三峡水库下游地区，马尾松在海拔 300m 和海拔 600m 的生长主要受上年气候因子的影响，而与当年各气候因子之间的关系不显著，在海拔 900m 的生长主要与当年气候因子相关，这与夏冰和兰涛（1996）对马尾松直径生长与气候的非线性响应函数结论基本一致。在年轮宽度指数与气候因子的关系模型中，不同海拔用多项式模拟是效果最好的，尤其以海拔 300m 的模拟效果最好。

在海拔 300m 和海拔 600m 的马尾松生长主要受降水和湿度指数的影响，这一结果与夏冰和兰涛（1996）的研究结果相同，随着海拔的升高，温度逐渐降低，温度成为影响马尾松生长的关键因子，除此外冬季的降水和湿度指数同样影响海拔 900m 马尾松的生长，彭剑峰等（2006）在天山西伯利亚落叶松生长对气候响应的研究中，证明森林上限生长与春季、夏季降水有较高的负相关，与本研究结果相似。

马尾松生长对气候的响应，在库区上游和下游表现出不同，主要是由于三峡库区地形地势复杂，水热条件变化较大，局地综合气候条件导致降水、温度及湿度指数在不同海拔对马尾松生长影响的不同。

本研究在年轮宽度指数与气候关系模型模拟中选用指数模拟方法，而于大炮等（2005）在长白山落叶松不同海拔年轮生长与气候关系模型模拟中则选用线性模拟方法，兰涛等（1994）对马尾松生长与气候关系的研究及黄荣凤等（2006）对侧柏的研究都使用了线性模拟方法，但在对秭归地区马尾松年轮分析过程中，线性模拟方程的 R^2 要明显小于指数模拟，因此本研究采用了指数模拟的方法。三峡库区地形复杂，水热条件变化大，可能是导致线性模拟效果不理想的原因。

第 4 章 三峡库区珍稀濒危植物

4.1 三峡库区珍稀濒危植物现状

4.1.1 三峡库区珍稀濒危植物种类组成

三峡库区地质古老，地形复杂，没有直接受第四纪大陆冰川的破坏，基本保持了第三纪古热带比较稳定的气候，因此植物区系和植物种类较为丰富多样。目前，三峡库区维管束植物 6088 种，分属 208 科 1428 属，约占全国植物总数的 20%。其中珍稀濒危植物 56 种，分属 34 科 48 属，约占全国珍稀濒危植物总数的 10%（表 4-1）。

表 4-1 三峡库区珍稀濒危植物种类组成

区域	种数	保护级别			濒危状		
		一级	二级	三级	濒危	渐危	稀有
三峡库区	56	4	23	29	7	27	22
中国	495	64	281	150	138	167	190
占中国各级总种数的比例/%	11.30	6.25	8.19	19.33	5.07	16.17	11.58

4.1.2 三峡库区珍稀濒危植物地理成分分析

根据吴征镒（1991）对中国种子植物属的分布区类型的划分方案，对三峡库区珍稀濒危植物的种子植物区系地理成分进行分析，结果如表 4-2 所示。

表 4-2 三峡库区珍稀濒危植物种子植物属的分布区类型及其变型

分布区类型及其变型	属数	占总属数的比例/%
泛热带分布及其变型	1	2.08
热带亚洲和热带美洲间断分布	1	2.08
热带亚洲至热带大洋洲分布	2	4.17
热带亚洲至热带非洲分布及其变型	2	4.17
热带亚洲分布及其变型	5	10.42
北温带分布及其变型	9	18.75
东亚和北美洲间断分布及其变型	5	10.42
东亚分布及其变型	7	14.58
中国特有分布	16	33.33
合计	48	100

在三峡库区珍稀濒危植物的48个属中，温带性质的属适中，共9个，占总属数的18.75%，如槭属（*Acer*）、榛属（*Corylus*）、黄连属（*Coptis*）、水青冈属（*Fagus*）、白蜡树属（*Fraxinus*）、云杉属（*Picea*）、松属（*Pinus*）等（表4-3）。东亚分布及其变型为7属，占总属数的14.58%，如连香树属（*Cercidiphyllum*）、水青树属（*Tetracentron*）、三尖杉属（*Cephalotaxus*）、黄檗属（*Phellodendron*）等。东亚和北美洲间断分布及其变型为5属，占总属数的10.42%，如黄杉属（*Pseudotsuga*）、紫茎属（*Stewartia*）、延龄草属（*Trillium*）等。热带性质的属较多，共11属，占总属数的22.92%，其中热带亚洲分布及其变型为5属，占总属数的10.42%，如桫椤属（*Alsophila*）、穗花杉属（*Amentotaxus*）、波罗蜜属（*Artocarpus*）、含笑属（*Michelia*）等。热带亚洲至热带大洋洲分布、热带亚洲至热带非洲分布及其变型各2属，分别为天麻属（*Gastrodia*）、香椿属（*Toona*）和大豆属（*Glycine*）、铁线蕨属（*Adiantum*），均占总属数的4.17%；热带亚洲和热带美洲间断分布、泛热带分布及其变型均为1属，分别为楠属（*Phoebe*）和红豆树属（*Ormosia*），均占总属数的2.08%。上述分析表明，三峡库区珍稀濒危植物区系组成有一定的过渡性，兼具热带及温带亲缘。

表4-3 三峡库区珍稀濒危植物种类及其分布

序号	中名	拉丁名	濒危状况	保护级别	特有种	水平分布	垂直分布/m
1	秦岭冷杉	*Abies chensiensis*	渐危	III		湖北巴东	>1200
2	梓叶槭	*Acer catalpifolium*	濒危	III	+	重庆武隆	400～1000
3	荷叶铁线蕨	*Adiantum reniforme* var. *sinense*	濒危	II	+	重庆万州、涪陵、石柱	205～300
4	桫椤	*Alsophila spinulosa*	渐危	I		重庆涪陵、江津	170～600
5	穗花杉	*Amentotaxus argotaenia*	渐危	III	+	重庆巫溪、石柱	500～1400
6	白桂木	*Artocarpus hypargyreus*	渐危	III		重庆	<1300
7	小勾儿茶	*Berchemiella wilsonii*	濒危	II	+	湖北兴山	900～1000
8	伯乐树	*Bretschneidera sinensis*	稀有	II	+	重庆北碚	1000～1500
9	篦子三尖杉	*Cephalotaxus oliveri*	渐危	II		湖北夷陵、兴山	300～1000
10	独花兰	*Changnienia amoena*	稀有	II	+	重庆巫山、万州、忠县、石柱	400～1500
11	银叶桂	*Cinnamomum mairei*	濒危	III	+	重庆江津、武隆	1100～2200
12	黄连	*Coptis chinensis*	渐危	III		鄂西、川东	600～1600
13	华榛	*Corylus chinensis*	渐危	III	+	湖北巴东、夷陵、兴山，重庆武隆	900～3500
14	光叶珙桐	*Davidia involucrate* var. *vilmoriniana*	稀有	II	+	湖北兴山、巴东，重庆巫山	1250～2200
15	金钱槭	*Dipteronia sinensis*	稀有	III	+	湖北巴东、夷陵、兴山，重庆巫溪、巫山	1000～2000

续表

序号	中名	拉丁名	濒危状况	保护级别	特有种	水平分布	垂直分布/m
16	八角莲	*Dysosma versipellis*	渐危	Ⅲ		重庆巫山、奉节、巫溪、武隆，湖北兴山、巴东、秭归、夷陵	200～2400
17	香果树	*Emmenopterys henryi*	稀有	Ⅱ	+	湖北巴东、夷陵、兴山，重庆巫山、万州	700～1300
18	杜仲	*Eucommia ulmoides*	稀有	Ⅱ	+	鄂西	300～2500
19	台湾水青冈	*Fagus hayatae*	渐危	Ⅲ	+	湖北兴山	1300～1900
20	水曲柳	*Fraxinus mandschurica*	渐危	Ⅲ		湖北夷陵	200～1000
21	天麻	*Gastrodia elata*	渐危	Ⅲ		湖北巴东、夷陵、兴山，秭归	400～3300
22	银杏	*Ginkgo biloba*	稀有	Ⅱ		重庆涪陵、奉节，湖北巴东、兴山、秭归、夷陵	300～1100
23	野大豆	*Glycine soja*	渐危	Ⅲ		重庆，湖北兴山	300～1300
24	七子花	*Heptacodium miconioides*	稀有	Ⅱ	+	湖北兴山	600～1000
25	猬实	*Kolkwitzia amabilis*	稀有	Ⅲ	+	湖北兴山	350～1340
26	鹅掌楸	*Liriodendron chinense*	稀有	Ⅱ		湖北巴东，重庆万州	900～1800
27	厚朴	*Magnolia officinalis*	渐危	Ⅲ	+	湖北兴山、秭归、巴东、夷陵，重庆江津、涪陵	300～2000
28	巴东木莲	*Manglietia patungensis*	濒危	Ⅱ	+	湖北巴东	700～1000
29	水杉	*Metasequoia glyptostroboides*	稀有	Ⅰ		重庆石柱	1000～1200
30	峨眉含笑	*Michelia wilsonii*	濒危	Ⅱ	+	重庆	700～1600
31	狭叶瓶尔小草	*Ophioglossum thermale*	渐危	Ⅱ		重庆长寿	1700～2000
32	黄檗	*Phellodendron amurense*	渐危	Ⅲ		重庆武隆，湖北夷陵、兴山	700～1500
33	楠木	*Phoebe zhennan*	渐危	Ⅲ	+	湖北兴山、夷陵、秭归	＜1100
34	麦吊云杉	*Picea brachytyla*	渐危	Ⅲ	+	湖北兴山、巴东、秭归，重庆巫山	1500～3500
35	大果青杆	*Picea neoveitchii*	濒危	Ⅱ		湖北兴山、巴东	1300～2200
36	黄杉	*Pseudotsuga sinensis*	渐危	Ⅲ		重庆万州	800～2800
37	青檀	*Pteroceltis tatarinowii*	稀有	Ⅲ	+	湖北巴东、兴山	800～1700
38	白辛树	*Pterostyrax psilophyllus*	渐危	Ⅲ		重庆奉节，湖北巴东、夷陵、兴山	600～2500
39	木瓜红	*Rehderodendron macrocarpum*	渐危	Ⅱ	+	重庆江津	1200～2100
40	山白树	*Sinowilsonia henryi*	稀有	Ⅱ	+	湖北夷陵	1100～1600
41	紫茎	*Stewartia sinensis*	渐危	Ⅲ	+	湖北夷陵、巴东、兴山，重庆巫山	600～1900
42	金佛山兰	*Tangtsinia nanchuanica*	稀有	Ⅱ	+	重庆	700～2100
43	银鹊树	*Tapiscia sinensis*	稀有	Ⅲ	+	湖北夷陵、巴东、兴山，重庆奉节、万州、石柱	400～1800

续表

序号	中名	拉丁名	濒危状况	保护级别	特有种	水平分布	垂直分布/m
44	水青树	*Tetracentron sinense*	稀有	II		湖北巴东、夷陵、兴山	1100～3500
45	红椿	*Toona ciliata*	渐危	III		重庆	300～800
46	延龄草	*Trillium tschonoskii*	渐危	III		重庆开县、巫溪、巫山，湖北巴东	1000～3200
47	银杉	*Cathaya argyrophylla*	稀有	I		重庆武隆	940～1870
48	连香树	*Cercidiphyllum japonicum*	稀有	II		湖北兴山、巴东、夷陵，重庆巫溪	400～2700
49	珙桐	*Davidia involucrata*	稀有	I	+	湖北兴山、巴东，重庆巫山	1250～2200
50	红豆树	*Ormosia hosiei*	渐危	III	+	湖北夷陵，重庆	200～900
51	长瓣短柱茶	*Camellia grijsii*	渐危	II	+	湖北夷陵，重庆奉节	150～500
52	凹叶厚朴	*Magnolia officinalis* subsp. *officinalis*	渐危	III	+	湖北巴东	300～2000
53	福建柏	*Fokienia hodginsii*	稀有	II	+	重庆江津	＜800
54	红花木莲	*Manglietia insignis*	渐危	III		重庆江津	900～1600
55	伞花木	*Eurycorymbus cavaleriei*	稀有	II		湖北兴山	150～800
56	领春木	*Euptelea pleiospermum*	稀有	III		湖北巴东、夷陵、万州，重庆奉节、巫山	760～3200

另外，中国特有分布较多，共 16 属，占总属数的 33.33%，如伯乐树属（*Bretschneidera*）、珙桐属（*Davidia*）、金钱槭属（*Dipteronia*）、香果树属（*Emmenopterys*）、杜仲属（*Eucommia*）、水杉属（*Metasequoia*）等，在一定程度上表明了三峡库区珍稀濒危植物特有成分繁多的特征。

4.1.3 三峡库区珍稀濒危植物现状

三峡库区地势上处于我国第三级阶梯的东部边缘地带，由于地质的运动、三峡工程的修建及人类活动对环境的剧烈影响，目前，三峡库区珍稀濒危植物在垂直梯度上无明显的规律性，零星地分布于 200～2700m 的森林、灌丛、草丛、山谷、山洼、溪旁、河边、石缝、沼泽等生境中，其中绝大多数分布在林中或林下，在一定程度上表明库区的森林是珍稀濒危植物的天然保护屏障；在水平梯度上，库区珍稀濒危植物多集中在库区的湖北段和重庆东部地区，如湖北巴东、兴山、夷陵及重庆缙云山地区等。通过多年来的调查，有一些新的发现，如在兴山发现大面积天然分布的红豆杉林，在重庆万州、石柱分别发现大面积天然分布的荷叶铁线蕨群落等，在湖北秭归发现珙桐的新分布点，在重庆涪陵江东发现桫椤的新分布点，在夷陵发现川明参的新分布点，在兴山首次发现以红豆杉、巴山榧树、三尖杉、粗榧等为主要组成的珍稀孑遗植物群落，在巴东发现以连香树、珙桐、香果树、水青树、银鹊树、白辛树、金钱槭、华榛、紫茎等 10 多种珍稀濒危植物构成的珍稀植物群落。这些新的发现，为该地区珍稀濒危植物的保护提供了较好的基础。

4.1.4　三峡库区珍稀濒危植物致危原因

植物生存受到威胁是全球性的，导致植物灭绝或者使其受到威胁的因素主要有两大类：一类是内部因素，另一类是外部因素。三峡库区珍稀濒危植物致危原因也是如此。

内部因素指植物在长期进化过程中逐渐形成的不利于自身发展或繁衍的因素，包括生殖力、生活力、遗传力、适应力的衰竭等。例如，小勾儿茶虽然植株结实数量较多，但自然状况下，种子萌发率极低，调查中林下未见幼苗、幼树，天然更新不良。

外部因素指外界条件对植物生长发育造成的压力或胁迫，形成不利于植物发展或繁衍的因素，包括自然灾害和人为灾害等，这些灾害往往能使植物生长迅速受到威胁或大量灭绝，在致危原因中起主导作用。由于自然、历史等原因，目前，人为活动是库区珍稀植物受到胁迫的主要原因之一。随着工程的兴建、移民的搬迁，虽然经过全面的论证与规划，但在一定程度上对三峡库区的自然环境仍会产生的影响，另外，在库区有 1300 多万人口，他们的生活来源主要依赖于周围环境，由于人口密度大，人均土地面积少，毁林开荒，使得植物生境受到一定的影响。另外，库区一些山区，仍利用以木柴为主的农村能源，由于人口增多，能源匮乏，库区村镇居民加大了樵采的强度、频度，扩大了樵采的范围，使得森林资源受到一定影响。

4.2　崖　　柏

崖柏（*Thuja sutchuenensis*）是柏科（Cupressaceae）崖柏属常绿乔木。该植物于 1892 年 4 月由法国传教士法戈斯(R. P. Farges)在我国重庆市城口县海拔 1400m 处首次采得标本，7 年后，此号标本（编号：Farges 1158）被作为新种的模式标本，收藏于法国巴黎自然博物馆。此后一百余年中国及境外均无人再发现和留有采集记录。1984 年我国公布的第一批《中国珍稀濒危保护植物名录》中，将崖柏列为濒危种，定为二级重点保护植物；同时在编写《中国植物红皮书——稀有濒危植物》过程中，曾有人多次前往产地调查，均未见踪迹。因此，1998 年世界自然保护联盟（IUCN）公布的 1997 年度世界受威胁植物红色名录中，已将崖柏列为已经灭绝的三种中国特有植物之一。所以，1999 年 8 月，在国务院批准公布的《国家重点保护野生植物名录（第一批）》中，不再将崖柏列为国家重点保护植物。然而，重庆市林业局在组织对该市国家重点保护野生植物的调查过程中，在城口县的大巴山腹地意外发现了绝迹百余年的崖柏野生居群；2002 年 4 月，在开县雪宝山自然保护区又发现数个崖柏野生居群。目前世界自然保护联盟已将其评为世界级的极危物种。可是对这个“消失”了 107 年的树种，各方面的研究几近空白，而崖柏生存环境的改变与恶化，使得该植物的存活和繁殖面临着严峻的挑战。因此，对崖柏种群各个层次展开研究，为崖柏的保护提供科学依据就显得异常重要。

4.2.1 分布区自然地理及植被简况

目前发现的崖柏自然种群集中分布在大巴山山系的渝东北部山区，主要是在重庆开县雪宝山自然保护区和位于城口县的大巴山国家级自然保护区相邻的部分山地，行政区域上包括关面、满月、咸宜、明中、桃园等乡镇，其分布的经纬度范围为东经 108º30′～109º15′，北纬 31º30′～31º50′（图 4-1），分布范围面积大约 867km^2。

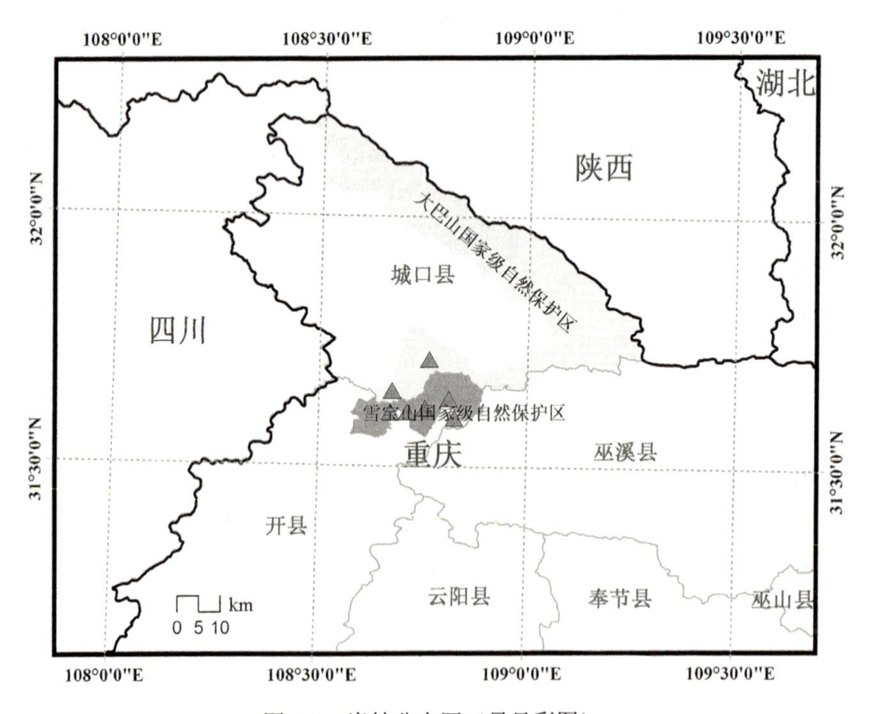

图 4-1 崖柏分布区（另见彩图）

崖柏自然种群分布的海拔范围主要为 900～2200m，该范围之外也有少量分布。整个分布区域的土壤类型复杂，母岩主要有砂岩、板岩、灰岩等；土壤以黄壤、山地黄壤及黄棕壤为主。该区域气候类型属中亚热带和北亚热带的过渡区，气候较为寒冷，年平均气温 6.0～10.0℃，1 月平均气温–0.8～4.5℃，7 月平均气温 15.9～20.2℃，极端最低气温–10.0℃，极端最高气温 30.0℃，常年积雪 3 个月左右，无霜期 150～200 天，年日照时数 1000～1200h，年降水量 1200～1400mm，全年≥0℃的积温 2530～3880℃，≥10℃的积温 1290～2970℃。

由于处于过渡区的特殊地理位置，其分布区植被类型极为丰富，有寒温性针叶林、温性针叶林、温性针阔混交林、暖性针叶林、落叶阔叶林、常绿落叶阔叶混交林、常绿阔叶林等植被类型，并拥有一大批珍贵的动植物资源，如云豹、金雕等动物物种，珙桐、红豆杉等植物物种。

4.2.2 崖柏生物学及生态学特性

崖柏是柏科崖柏属常绿乔木，为崖柏属中我国的特有种。叶鳞形，生于小枝之叶斜方状倒卵形，有隆起的纵脊，有的纵脊有条形凹槽，长 1.5～3mm，宽 1.2～1.5mm，先端钝，下方无腺点；侧面之叶船形或宽披针形，较中间之叶稍短，宽 0.8～1mm，先端钝，尖头内弯，两面均为绿色，无白粉（这是该种与朝鲜崖柏的区别之一）。生鳞叶的小枝排成平面，扁平。枝条密，开展。雌雄同株，雄球花近椭圆形，长约 2.5mm，雄蕊约 8 对，交叉对生，药隔宽卵形，先端钝。种鳞 8 片，交叉对生，最外面的种鳞近圆形，顶部下方有一小尖头，中间的 4 片近矩形，各有 1 种子，最上部的种鳞窄长，近顶端有突起的尖头。成熟球果深褐色，椭圆状球形，长 5～7mm，径 3～5mm。种子扁平，长约 4mm，宽约 2mm，且周围有窄翅，翅宽约 1mm（成熟球果方面，在《中国植物志》、《中国树木志》未见描述）。花期为 4 月中旬，当年 10 月中旬球果成熟。

崖柏生长缓慢，年径生长量约 0.2cm。树干挺直，浅纵裂，树冠塔形，分枝平整。木质坚韧、轻巧、耐腐，果实枝叶散发出较浓烈的香味。根系发达，能生长于裸露的岩石之上，耐瘠薄能力强。该树种喜光，多分布在山地的南坡或西坡，阴坡则较少；植株的结实量阳坡明显多于阴坡；郁闭度小的林分崖柏幼苗数量多于郁闭度大的林分。该植物生长土壤母岩以砂岩为主，土壤类型为黄棕壤，土壤 pH 中性偏碱性（6.5～8.0），土壤厚度在 8～35cm。

4.2.3 崖柏种群类型

三峡库区崖柏种群分为以下 4 种类型（图 4-2、图 4-3）。

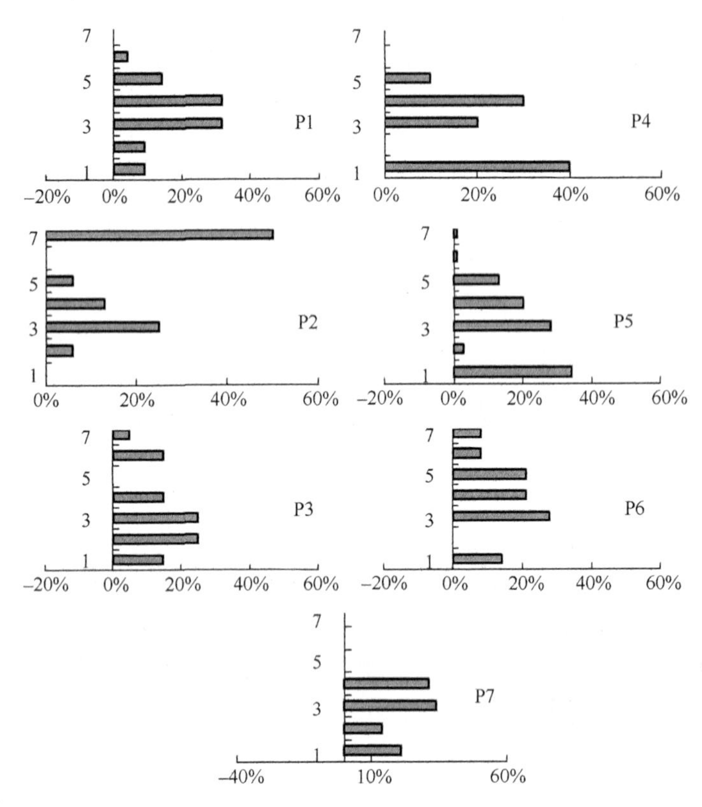

图 4-2　崖柏种群大小级结构图

横坐标为各大小级个体数所占百分比，纵坐标为大小级

类型 1：增长型种群类型，如样地 P5，年龄结构大致呈金字塔状，大小级处于 1 级、2 级的占到个体总数的 40%。大径级个体数少。样地种群密度为 2050 株/hm^2，存活曲线在第 2 级出现凹陷而整体接近于倒“J”形，主要的伴生树种有铁杉、黄杨等。此类种群多分布在沟谷两侧土壤湿润、阳光充足、附近有崖柏母树种群的地段。

类型 2：始衰型种群类型，包括样地 P3、P4、P6，年龄结构大致呈瓮形。小径级和大径级个体较少，而中等径级个体较多。样地种群密度分别为 500 株/hm^2

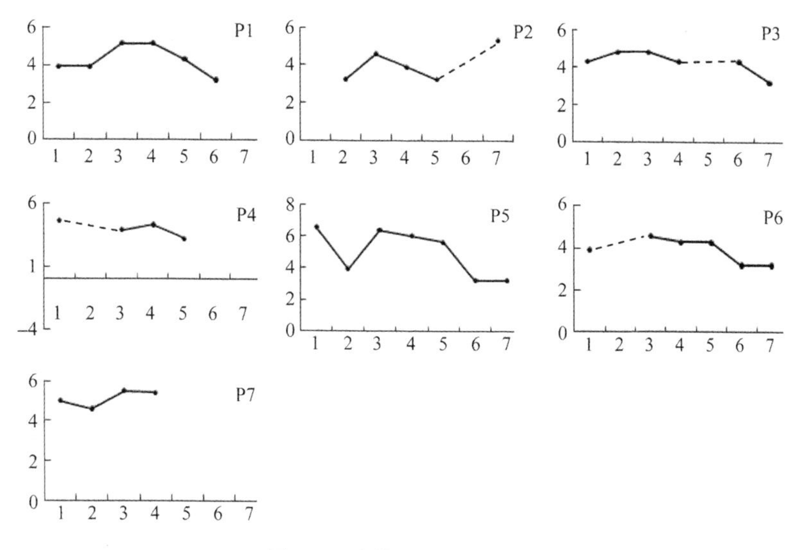

图 4-3　崖柏种群存活曲线

横坐标为大小级，纵坐标为个体数的自然对数值

（P3）、250 株/hm^2（P4）和 350 株/hm^2（P6），存活曲线略呈断点凸形，为下降种群，主要的伴生树种有巴东栎、黄杨、多齿长尾槭、南川小檗等。此类种群多分布在西南坡坡度较大（40°）的中坡位上，处于坡谷，土壤较湿润。

类型 3：中衰型种群类型，如样地 P1、P7，年龄结构呈瓮形。小径级个体和大径级个体较少或缺失。样地种群密度分别为 550 株/hm^2（P1）和 725 株/hm^2（P7），存活曲线呈“凸”字形且较类型 2 明显，主要的伴生树种有山栎、黄杨等。此类种群多分布在西北坡的中坡位上。

类型 4：老衰型种群类型，如样地 P2，年龄结构呈倒金字塔形，大径级个体占到 50%以上。样地种群密度为 400 株/hm^2，存活曲线出现凸、凹两个节点，总体趋势为下降，主要的伴生树种有红豆杉、巴山榧树等。此类种群多分布于山脊的中坡位。

4.2.4　崖柏种群存活曲线的拟合

为进一步验证上述崖柏种群类型划分的科学性，引入幂回归方程进行拟合。一般认为，稳定种群和增长种群的存活曲线符合负幂函数分布（$y=ax^{-b}$），而下降种群则不然（Leak，1975；Harper，1977），利用 SPSS 对图 4-3 的数据进行幂回归处理，结果如表 4-4 所示。

表 4-4 崖柏种群大小级与其现存个体数（密度）的幂回归方程

样地编号	回归方程	相关系数	显著性检验
P1	D=69.1128$S^{0.0417}$	0.100	0.946
P2	D=19.6935$S^{1.0123}$	0.537	0.351
P3	D=121.587$S^{-0.4303}$	−0.531	0.287
P4	D=105.861$S^{-0.6338}$	−0.752	0.248
P5	D=631.289$S^{-1.2048}$	−0.558	0.193
P6	D=76.2500$S^{-0.3082}$	−0.366	0.475
P7	D=123.786$S^{0.4025}$	0.589	0.421

注：S 为大小级；D 为不同大小级的现存个体数的估计值，此处表现为密度估计值

由表 4-4 可见，尽管 7 个样地的幂回归方程均呈现不显著性，但在一定程度说明了 7 个样地中，只有 P3、P4、P5、P6 的存活曲线符合负幂函数分布，可认为其种群是稳定或增长种群，回归不显著的原因是种群大小结构的残缺（存活曲线的不连续）。同时也说明此次对崖柏种群大小级的划分略显粗糙，导致自由度较低，这也是回归方程不显著的原因之一。根据幂函数分布区分稳定种群和增长种群比较困难，不过可以从方程指数绝对值大小获取定量的比较，绝对值越小则种群越稳定，反之则趋于增长（岳明，1995）。4 个符合分布的样地的指数绝对值从小到大依次为：P6、P3、P4 和 P5，可认为其种群的稳定性也依次退减，而增长趋势依次增加。另外，从相关系数来看，符合分布的 4 个样地中的崖柏种群大小级与其现存个体数表现出负相关性，即随胸径的增大，其个体数量出现下降的趋势。其他 3 个样地则表现为正相关。

结合上述对崖柏种群类型的划分，可以看出两种方法存在较大的差异。这与各样地崖柏种群大小级结构的缺失有关，因为大小级的缺失直接导致对存活曲线的判断出现偏差。但从定量角度出发，将 P5 划分为增长型，两种方法取得了一致性。而对 P3、P4 和 P6，P5 的指数绝对值依次近似为 3 个样地的 3 倍、2 倍和 4 倍，这说明划为始衰型的 3 个样地的增长性远不如 P5，将其归于稳定型到衰退型的过渡也无不可。在拟合方程中幂函数指数为正值的 P1、P2 和 P7 中，指数值最大的是 P2（1.0123），因此将其划分为老衰型种群也是有一定道理的。所以两种不同的方法对 7 个不同样地的种群类型划分取得了定量角度上的一致性。

应注意到，野外样地调查表明，7 个样地中幼苗幼树级个体死亡率较高，存活个体的数量不及全部个体数的 1/3（30.57%），总体上可以认为崖柏种群处于衰退状态。天然状态下，崖柏种群虽有可能自然更新，但实施人为措施来促进崖柏种群的更新已成为必要，如严令禁止砍伐、放牧的同时开展一定规模的人工育苗、

进行无性繁殖，或者利用转基因技术培育具有遗传差别的个体、促进种群间的基因交流来促进崖柏种群规模的扩大。

4.2.5　崖柏种群空间分布格局

三峡库区崖柏种群分布在不同群落中，其空间分布格局如下。

1. 多齿长尾槭（*Acer caudatum* var. *multiserratum*）-崖柏群落（Ⅰ）中崖柏种群的空间分布格局

该类型中崖柏种群空间分布格局的各指数判定见表 4-5。从表中可以看出，除扩散指数（*C*）在区组 12 和 Morisita 指数在区组 20 检验不显著外，各指数判定该群落崖柏种群比较一致地表现为集群分布。负二项参数 *K*（0.14）和 Lloyd 平均密度比值（8.17）在区组 4 分别达到最小和最大，因此可以认为该群落中崖柏种群在格局规模为 $4m^2$ 时，表现为明显的集群分布，格局强度达到最大。该群落中多齿长尾槭与崖柏共优组成群落，郁闭度较大，群落中零星存在几个崖柏伐桩（胸径较大，可视为母树），冠层尚未被全部郁闭，形成了林窗，崖柏为阳性植物，林窗的形成促进了原先散布于母树周围的种子的萌发和幼苗幼树的成长，从而形成了崖柏种群的集群分布格局。同时林窗中存在小环境的差别，崖柏个体趋向于在有利的小环境中生长，这就导致了在较小的格局规模上形成的崖柏种群聚集强度的最大化。

2. 崖柏-铁杉（*Tsuga chinensis*）群落（Ⅱ）中崖柏种群的空间分布格局

由表 4-5 可见，在该群落中格局类型判定指数均表现为集群分布，且在 P=0.05 水平上检验为显著。在区组 6 中，*K* 值最小（0.15）且 Lloyd 指数（7.65）最大，这表明在格局规模为 $6m^2$ 时，该群落中的崖柏呈现明显的集群分布。群落中崖柏数量占绝对优势，分布着大量的幼苗幼树。群落处于上坡位置，坡度较大（45°），形成两处塌方，造成了两个面积较大的林窗，但群落地表散布的面积不等的裸岩迫使幼苗幼树的生长只限于裸岩之间的累积土壤上，从而形成了在较小格局尺度上的集群分布。

3. 崖柏-巴东栎（*Quercus engleriana*）群落（Ⅲ）中崖柏的空间分布格局

由表 4-5 可见，在区组 25，判定格局类型的指数或（和）其显著性检验时，判定值接近于表达为随机分布（*Ca*=0.05，*I*=0.05，*K*=20，平均拥挤度为 0.92）且检验值 *t* 和 x^2 与查表获得的数值相差较小，总体上可以认为，该群落中崖柏种群

表 4-5　不同群落中崖柏种群空间分布格局的判定

群落名称	取样尺度/m²	扩散指数（C）	格局	Morisita 指数(IS)	格局	丛生指标(I)	格局	Cassie 指标（Ca）	格局	负二项参数（K）	格局	Lloye 指数		格局
												m^*	m^*/m	
群落 I	4	1.72	c	8.89	c	0.72	c	7.17	c	0.14	c	0.82	8.17	c
	6	1.67	c	5.87	c	0.69	c	4.51	c	0.22	c	0.84	5.62	c
	9	1.57	c	3.91	c	0.61	c	2.68	c	0.37	c	0.84	3.68	c
	12	1.49	c	2.93	c	0.49	c	1.64	c	0.61	c	1.07	3.54	c
	16	1.88	c	1.67	c	0.88	c	2.19	c	0.46	c	1.28	3.19	c
	20	1.79	c	1.33	c	0.79	c	1.58	c	0.63	c	1.29	2.58	c
	25	2.75	c	3.91	c	1.72	c	2.79	c	0.34	c	2.37	3.79	c
群落 II	4	3.24	c	3.73	c	2.24	c	2.73	c	0.37	c	3.06	3.73	c
	6	8.23	c	7.63	c	8.23	c	6.65	c	0.15	c	9.51	7.65	c
	9	9.82	c	5.68	c	8.82	c	4.73	c	0.21	c	10.69	5.73	c
	12	4.86	c	2.52	c	3.86	c	1.55	c	0.65	c	6.34	2.55	c
	16	3.77	c	1.82	c	2.77	c	0.85	c	1.18	c	6.05	1.85	c
	20	4.82	c	1.90	c	3.82	c	0.93	c	1.08	c	7.92	1.93	c
	25	4.31	c	1.61	c	3.31	c	0.65	c	1.54	c	8.44	1.65	c
群落III	4	1.86	c	7.69	c	0.86	c	6.12	c	0.16	c	0.997	7.12	c
	6	1.52	c	3.63	c	0.52	c	2.49	c	0.4	c	0.73	3.49	c
	9	1.53	c	2.90	c	0.57	c	1.81	c	0.55	c	0.89	2.81	c
	12	1.77	c	2.90	c	0.77	c	1.82	c	0.55	c	1.20	2.82	c
	16	1.80	c	2.47	c	0.80	c	1.42	c	0.70	c	1.36	2.42	c
	20	1.37	c	1.54	c	0.37	c	0.53	c	1.89	c	1.07	1.53	c
	25	1.05	c	0.53	c	0.05	c	0.05	cra	20.00	cra	0.92	1.05	cra
群落IV	4	1.54	c	2.96	c	0.54	c	1.85	c	0.54	c	0.83	2.85	c
	6	1.55	c	2.28	c	0.55	c	1.25	c	0.80	c	0.99	2.25	c
	9	1.55	c	1.84	c	0.55	c	0.83	c	1.20	c	1.21	1.83	c
	12	1.76	c	1.87	c	0.76	c	0.87	c	1.15	c	1.64	2.58	c
	16	1.63	c	1.91	c	0.63	c	0.54	c	1.85	c	1.78	2.58	c
	20	2.07	c	1.72	c	1.07	c	0.73	c	1.37	c	2.52	1.74	c
	25	1.78	c	1.42	c	0.78	c	0.43	c	2.32	c	2.59	1.43	c

注：群落 I ～IV分别为多齿长尾槭-崖柏群落、崖柏-铁杉群落、崖柏-巴东栎群落和崖柏-黄杨群落；m^*：平均拥挤度；m^*/m：平均密度比值；c：集群分布 Contagious distribution；ra：随机分布 Random distribution；cra：集群分布向随机分布过渡

在取样尺度＞25m^2，可能会表现为随机分布。在其他区组比较中，以区组 4 的集群分布强度最大。群落中崖柏数量较少，且分布稀疏，常以 2 株或者 3 株零星分布在其他乔木枯死后形成的林窗之下，而且从整个群落来看，生境较为均一，因此在取样尺度不断加大的情况下其集群分布强度逐渐减少，在 25m^2 时逼近随机分布。

4. 崖柏-黄杨（*Buxus sinica*）群落（Ⅳ）中崖柏种群的空间分布格局

该群落崖柏种群分布格局的判定（表 4-5）表明，各个区组均为集群分布，而以区组 4 集群强度最大。说明在格局规模为 4m^2 时，种群聚集程度最高。该群落乔木较少（与离居民区较近有关），以样地为例，只有 2 种共 4 株，可以认为光照不会成为崖柏生长的限制因子。但群落中灌木层物种繁多，数量丰富，这就增加了崖柏与其他树种对营养物质的争夺，而且大量裸岩（1～3m^2）的存在减少了各树种的生存空间，加大了它们之间的竞争。因此可以认为裸岩的存在和种间、种内激烈的竞争形成了崖柏种群的集群分布及小的格局规模上聚集强度的最大化。

4.2.6　崖柏种群遗传多样性

本研究用 7 个随机引物对开县王家岩群体、开县尚峰寨群体、城口县明中群体、城口县咸宜群体、开县三斗坪群体 5 个天然崖柏群体共 66 个个体的基因组进行了随机扩增多态性 DNA（RAPD）标记检测，每个引物检测到的位点数在 4～10，扩增的 DNA 片段长度在 250～2000bp。7 个引物共检测到 44 个可重复的位点，平均每个引物检测到的位点数为 6.28。

1. 多态位点比率

5 个崖柏群体的总位点数、多态位点数及多态位点比率见表 4-6。在王家岩群体中，7 个引物共检测到 42 个位点，其中多态位点 27 个，多态位点比率为 64.28%；尚峰寨群体的总位点数为 43 个，其中多态位点 27 个，多态位点比率为 62.79%；明中群体总位点数 42 个，其中多态位点 15 个，多态位点比率为 35.71%；咸宜群体共检出 41 个位点，其中多态位点 20 个，多态位点比率为 48.78%；三斗坪群体总位点数为 42 个，其中多态位点 10 个，多态位点比率为 23.81%。在总计 66 个崖柏个体中，检测到的总位点数为 44 个，多态位点 34 个，种内多态位点比率为 77.27%。可以看出，王家岩群体和尚峰寨群体多态位点比率较为接近（相差 0.0149）且显著高于其余 3 个群体，三斗坪群体多态位点比率最低（0.2381），与最大多态位点比率差距达 0.4047。

表 4-6　崖柏种内及群体内遗传多样性

群体	样本数	位点数	多态位点数	多态位点比率	Shannon 表型多样性	Nei 基因多样性
WJY	15	42	27	0.6428	0.3264	0.2193
SFZ	12	43	27	0.6279	0.3267	0.2196
MZ	11	42	15	0.3571	0.2193	0.1549
XY	18	41	20	0.4878	0.2743	0.1895
SDP	10	42	10	0.2381	0.1447	0.1014
合计	66	44	34	0.7727		

注：WJY 为开县王家岩群体，SFZ 为开县尚峰寨群体，MZ 为城口县明中群体，XY 为城口县咸宜群体，SDP 为开县三斗坪群体

2. 用 Shannon 表型多样性指数计算崖柏遗传多样性

本研究用 Shannon 表型多样性指数计算了 5 个崖柏天然群体的群体内、群体间的遗传多样性及各自在总变异中所占的比率（表 4-6、表 4-7）。由表 4-6 可见，不同引物的不同位点表达的群体内遗传多样性差异较大。5 个崖柏群体中，尚峰寨群体内的平均遗传多样性水平最高（0.3267），其次为王家岩群体（0.3264）、咸宜群体（0.2743）、明中群体（0.2193），三斗坪群体内的平均遗传多样性水平最低，为 0.1447。

表 4-7　基于 Shannon 指数和 Nei 基因多样性估计崖柏群体内、群体间遗传多样性及分化

引物	H_{pop}	H_{sp}	H_{pop}/H_{sp}	$(H_{sp}-H_{pop})/H_{sp}$	H_t	H_s	D_{st}	G_{st}
OPC05	0.3041	0.4844	0.645	0.355	0.3412	0.2072	0.1340	0.3520
OPC11	0.2962	0.3725	0.7877	0.2123	0.2567	0.2067	0.0628	0.1992
OPC16	0.2120	0.3645	0.5607	0.4393	0.2191	0.1449	0.1064	0.3454
OPC19	0.0540	0.0914	0.6078	0.3922	0.0462	0.0355	0.0179	0.1725
OPC20	0.1483	0.3265	0.4477	0.5523	0.1815	0.1044	0.0899	0.4050
OPC15	0.3691	0.5336	0.7170	0.283	0.3758	0.2477	0.1495	0.3135
OPC16	0.3505	0.4867	0.6789	0.3211	0.3232	0.2445	0.0944	0.2786
平均值	0.2583	0.3992	0.6470	0.3530	0.2668	0.1769	0.0899	0.3368
标准差	0.2963	0.2756			0.0404	0.0216		

注：H_{pop} 为群体内遗传多样性；　H_{sp} 为种内遗传多样性；H_{pop}/H_{sp} 为群体内遗传多样性占比；$(H_{sp}-H_{pop})/H_{sp}$ 为群体间遗传多样性占比；H_t 为总基因多样性；H_s 为群体内基因多样性；D_{st} 为群体间基因多样性；G_{st} 为遗传分化度

从表 4-7 可以看出，崖柏群体内平均遗传多样性为 0.2583，种内平均遗传多样性为 0.3992。在种内总遗传变异中，大部分存在于群体内（64.70%），群体间的

遗传变异占总变异的 35.30%。

3. 用 Nei 基因多样性指数计算 5 个群体的群体内和群体间基因多样性

Nei 基因多样性指数是衡量群体遗传分化最为常用的指标，表示在总的变异中群体间的变异所占比率。本研究用该指数分别计算了 5 个崖柏天然群体的群体内、群体间的基因多样性及各自在总变异中所占的比率（表 4-6、表 4-7）。从表 4-6 可以看出，群体平均基因多样性水平，从大到小依次为尚峰寨群体（0.2196）、王家岩群体（0.2193）、咸宜群体（0.1895）、明中群体（0.1549）、三斗坪群体（0.1014）。这与 Shannon 表型遗传多样性指数所获得的大小排列顺序一致。在表 4-7 中，崖柏 5 个群体 44 个位点总基因多样性（H_t）的平均值为 0.2668，其中群体内基因多样性（H_s）为 0.1769，群体间基因多样性（D_{st}）为 0.0899，遗传分化度（G_{st}）在位点间的变动幅度较大（0.1725～0.4050），可认为不同位点对基因多样性的贡献不同。44 个位点上的 G_{st} 平均值为 0.3368，说明群体间遗传变异量占总基因多样性的 33.68%，66.32%为群体内的遗传变异，表明崖柏群体内的遗传变异要明显大于群体间的遗传变异。这也与 Shannon 表型多样性指数计算结果相吻合。从所有引物不同位点检测到的基因流来看，最大的达到 11.7894，而最小的只有 0.0946，平均值为 0.4923（＜1），可以认为群体间基因流较小，这也与 Shannon 指数和 Nei 指数得到的较大部分的遗传变异来源于群体内部相一致。

4. 崖柏群体间遗传一致度和遗传距离

为进一步分析崖柏群体间的遗传分化程度，计算了 Nei 的遗传一致度 I 和遗传距离 D（表 4-8）。各群体间的遗传一致度在 0.7497～0.9344，最大值存在于明中群体和三斗坪群体间，而王家岩群体与三斗坪群体间遗传一致度最小。各群体间的遗传距离在 0.0679～0.2880，相反，遗传距离最大值存在于王家岩群体和三斗坪群体之间，而最小值发生于明中群体和三斗坪群体之间。

表 4-8　崖柏群体间的遗传一致度（I，右上角）和遗传距离（D，左下角）

群体	WJY	SFZ	MZ	XY	SDP
WJY	—	0.8655	0.8211	0.8190	0.7497
SFZ	0.1444	—	0.8393	0.8654	0.7988
MZ	0.1971	0.1752	—	0.8872	0.9344
XY	0.1997	0.1445	0.1197	—	0.9224
SDP	0.2880	0.2247	0.0679	0.0807	—

第 5 章 三峡库区森林生产力

森林生产力是评价森林生态系统结构与功能协调性的重要指标，区域性森林生产力及其分布格局是评估区域生态承载力、潜在生产力水平及其对气候变化可能响应的重要参数。三峡库区物种丰富、群落多样，加之复杂的地形和多变的局地气候，是研究植被生物生产力的天然实验场，也是我国乃至世界关注的生态热点地区。随着三峡工程的建设，库区生态问题不仅关系到周边及下游地区人民生命财产安全，而且对国家经济发展具有重要影响。

5.1 三峡库区植被净初级生产力（NPP）动态变化

5.1.1 三峡库区 NPP 时间格局

1. 三峡库区 NPP 年际变化

2000～2009 年这 10 年间，三峡库区植被净初级生产力（NPP）值呈现波动的状况，利用 CASA 模型计算出三峡库区的 NPP 值，分别统计 2000～2009 年 NPP 值的最小值、最大值、平均值、标准差和总量。具体统计结果如表 5-1 和图 5-1 所示。

表 5-1 2000～2009 年三峡库区 NPP 统计表

年份	最小值/[gC/（m^2·年）]	最大值/[gC/（m^2·年）]	平均值/[gC/（m^2·年）]	标准差/[gC/（m^2·年）]	NPP 总量/（gC/年）
2000	0.00	1220.90	484.17	136.02	2.80×10^{13}
2001	0.00	1131.05	460.81	127.75	2.66×10^{13}
2002	0.00	1232.14	505.37	137.17	2.92×10^{13}
2003	0.00	1187.70	451.77	130.01	2.61×10^{13}
2004	0.00	1254.65	486.09	140.07	2.81×10^{13}
2005	0.00	1277.54	499.65	133.71	2.89×10^{13}
2006	0.00	1221.09	484.97	135.37	2.80×10^{13}
2007	0.00	1286.83	503.44	132.73	2.91×10^{13}
2008	0.00	1265.49	503.71	132.74	2.91×10^{13}
2009	0.00	1116.00	492.09	130.31	2.85×10^{13}

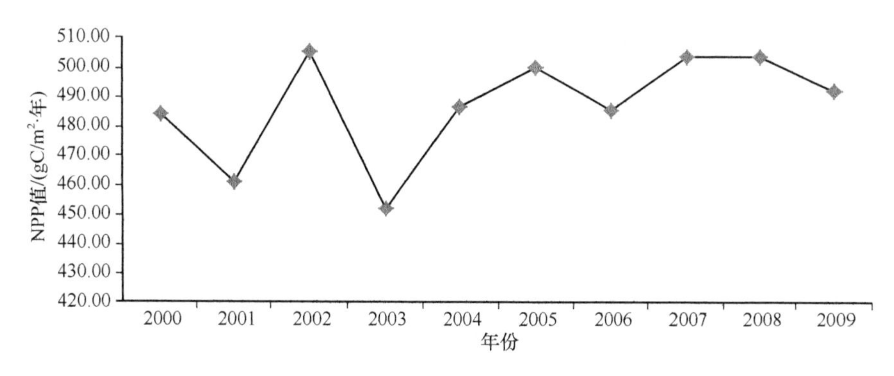

图 5-1　2000～2009 年三峡库区 NPP 变化曲线

从表 5-1 和图 5-1 可以看出，2000～2009 年三峡地区每年生长季（3～11 月）累计 NPP 平均值在 451.77～505.37gC/（m^2·年），10 年平均为 487.21gC/（m^2·年），波动幅度为 53.6gC/（m^2·年），占平均值的 11.0%。NPP 总量总体上分布在 2.61×10^{13}～2.92×10^{13}gC/年，10 年平均总量为 2.82×10^{13}gC/年，波动幅度为 0.31×10^{13}gC/年，占平均总量的 11.0%。NPP 总量最高的年份为 2002 年，达到了 2.92×10^{13}gC/年；其次为 2007 年和 2008 年，这两年的 NPP 总量几乎相等，均为 2.91×10^{13}gC/年；而 2003 年 NPP 总量为这 10 年的最低值，只有 2.61×10^{13}gC/年。总体上看，三峡库区 2000～2009 年生长季累计 NPP 变化分为两个阶段，2000～2003 年变化较大，2004～2009 年 NPP 总量的波动幅度则不是很大，总体逐渐趋于稳定。

将相临两年的 NPP 总量相减得到三峡库区 NPP 的年际变化，如表 5-2 所示。

表 5-2　2000～2009 年三峡库区 NPP 年际变化统计表[单位：gC/（m^2·年）]

年际变化	最小值	最大值	平均值	标准差
2000～2001	–384.83	430.29	–23.32	55.19
2001～2002	–400.26	415.46	44.48	57.17
2002～2003	–510.82	320.75	–53.58	48.08
2003～2004	–401.95	535.43	34.36	53.63
2004～2005	–484.33	406.59	13.73	52.86
2005～2006	–455.39	522.18	–14.92	57.00
2006～2007	–357.13	428.88	18.49	56.57
2007～2008	–487.63	393.58	0.24	49.86
2008～2009	–447.67	406.52	–21.58	51.29

从表 5-2 中可以看出，2002～2003 年 NPP 总量变化最大，达到了–53.58gC/（m²·年），2000～2001 年、2005～2006 年和 2008～2009 年的 NPP 总量均呈下降趋势；而 2007～2008 年 NPP 平均值变化幅度最小，只有 0.24gC/（m²·年）。

NPP 的年际波动与当地环境的变化、气候因子和人为活动有关。2002 年 NPP 值达到最高，结合归一化植被指数（NDVI）图像综合分析，在 2002 年，全球出现的厄尔尼诺现象导致三峡库区出现暖冬气候，冬春季气温较往年偏高（张春敏，2008），气候环境条件较适合植物的初期生长，从而使得 NPP 值偏大。而接下来的 2003 年，受拉尼娜现象影响，夏季出现了洪涝灾害，不适宜植物生长。

总体上看，三峡库区 NPP 的变化和植被类型及植被生长状况密切相关，同时也受到生态重建措施的影响。2003 年之前，三峡库区的 NPP 变化较为剧烈，这主要是因为三峡库区属于生态脆弱区，当地的农耕活动导致人为干扰强烈，再加上三峡工程动工建设，对植被和生态系统的影响比较剧烈，导致植被覆盖面积减少；而在 2003 年三峡库区 135m 水位成功蓄水后，2003 年以后该地区环境转好，植被生长趋于稳定，因此 2004～2009 年 NPP 的变化较 2003 年之前平缓，这也证明了三峡库区生态环境保护措施取得了一定成果。其中 2006 年三峡工程蓄水升至 150m，2009 年再次提高到 175m，这两次库区的淹没面积增加使得三峡库区的 NPP 产生了一定的波动。

2. 三峡库区 NPP 月际变化

本研究利用 32 天合成的 MODIS/NDVI 数据估算了 2000～2009 年三峡库区生长季（3～11 月）的 NPP 值，统计结果见表 5-3、图 5-2 和图 5-3。

表 5-3　2000～2009 年三峡库区 3～11 月 NPP 值 [单位：gC/（m²·月）]

月	2000	2001	2002	2003	2004	2005	2006	2007	2008	2009	平均值
3	11.18	19.31	22.94	14.00	17.17	17.81	20.11	16.39	18.35	17.38	17.46
4	28.13	29.12	29.68	29.09	50.37	48.59	39.65	37.24	36.72	29.83	35.84
5	78.17	74.11	49.57	58.33	64.59	60.47	79.55	84.69	59.84	53.33	66.26
6	76.66	91.89	88.16	80.24	80.46	96.39	83.09	75.83	92.65	94.61	86.00
7	105.53	89.84	97.71	92.00	95.11	91.77	83.68	82.27	98.12	78.12	91.41
8	86.98	69.24	96.80	68.81	69.41	79.10	65.40	80.57	82.18	83.07	78.16
9	47.94	33.22	62.51	54.97	51.12	53.76	49.93	63.11	51.76	59.67	52.80
10	28.97	22.72	35.01	23.99	22.45	25.68	29.33	25.49	28.86	23.91	26.64
11	11.65	12.36	13.80	11.27	11.20	10.12	13.99	14.46	14.69	12.03	12.56

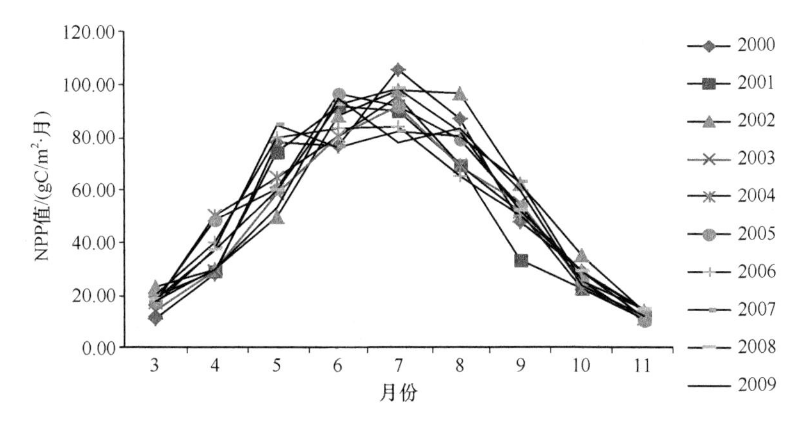

图 5-2　2000～2009 年三峡库区生长季 NPP 月平均值比较（另见彩图）

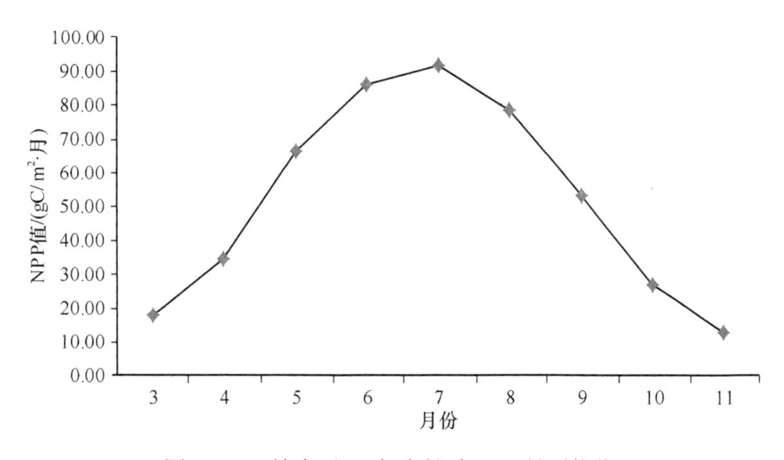

图 5-3　三峡库区 10 年生长季 NPP 月平均值

从各月 NPP 统计图可以看出，NPP 平均值季相变化明显，基本呈现出单峰曲线的特征。这 10 年月 NPP 平均值主要积累月份是 5～9 月，占 3～11 月 NPP 总量的 76.89%。3～4 月 NPP 值较低，增长较缓慢；5～7 月增长速度较快，6 月平均积累的 NPP 占年均的 17.65%，最大值出现在 7 月，占 3～11 月平均 NPP 值的 18.76%；至 8 月以后迅速降低，10～11 月则缓慢降低。最小值出现在 11 月，只占 3～11 月平均 NPP 值的 2.58%。

从季节变化来看，三峡库区生长季按春（3～5 月）、夏（6～8 月）、秋（9～11 月）NPP 平均值可以更直观地反映其季相变化，如图 5-4 所示。

各月 NPP 产生这样的变化主要受植物生长周期和不同月份水热条件差异的影响。三峡库区位于长江中下游地区，具有冬冷夏热、雨热同季的季风性气候特征，季节变化明显。不同季节的太阳辐射差异、降水和区域水分状况的区别共同作用

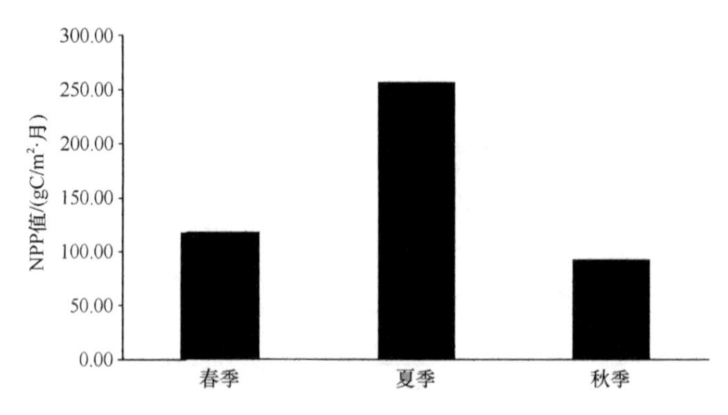

图 5-4　三峡库区 10 年生长季 NPP 季节分布

影响 NPP。春季（3～5 月）气温上升，植被随之生长，由于不同植被类型吸收太阳辐射的能力不同，NPP 值在小范围内波动上升，2000～2009 年这 10 年间 3 月、4 月、5 月三峡库区 NPP 平均值为 17.46gC/（m^2·月）、35.84gC/（m^2·月）、66.26gC/（m^2·月）；初夏时节太阳辐射量及水热条件比较适合植被的生长，NPP 值增加迅速，7 月温度较高、降水充沛，植被生长最旺盛，NPP 值达到最大，10 年间 6 月、7 月、8 月三峡库区 NPP 平均值为 86.00gC/（m^2·月）、91.41gC/（m^2·月）、78.16gC/（m^2·月）；而秋季（9～11 月）环境条件不如夏季，植物叶片变黄或开始掉落，吸收太阳辐射和水分的能力减弱，而 11 月是秋末，植物树叶落尽，植被枯萎，农作物收割完毕，植被固碳能力下降，加上气温降低、太阳辐射减少，导致 NPP 达到最低，10 年间 9 月、10 月、11 月三峡库区 NPP 平均值为 52.80gC/（m^2·月）、26.64gC/（m^2·月）、12.56gC/（m^2·月）。对比 NPP 图可以发现，NPP 的分布与 NDVI 有着相同的趋势，NPP 的结果随季节呈现出不同变化。

3. 三峡库区不同植被类型 NPP 变化

研究不同植被类型 NPP 的变化，可以了解哪一种植被类型的 NPP 值最高。根据三峡库区植被类型图，对 2000～2009 年 NPP 平均值进行掩膜处理，得到不同植被类型 2000～2009 年的 NPP 值和 3～11 月 NPP 平均值，如表 5-4、图 5-5 和图 5-6 所示。

从表 5-4 和图 5-5 可以看出，不同植被类型具有不同的 NPP 值，并呈现出一定的时空变化特征。其中，常绿阔叶林的 NPP 平均值最高，为 858.19gC/（m^2·年），其次为落叶阔叶林，NPP 平均值为 630.01gC/（m^2·年），而混交林、耕地、草地的 NPP 平均值都达到了 500gC/（m^2·年）以上，水域和城市的 NPP 平均值较小，仅为 178.15gC/（m^2·年）和 180.10gC/（m^2·年）。

表 5-4　2000～2009 年三峡库区不同植被类型的 NPP 值统计表

植被类型	面积/km^2	面积百分比/%	多年平均 NPP/[gC/（m^2·年）]	NPP 总量/（gC/年）	占总 NPP 百分比/%
落叶针叶林	91.50	0.16	489.36	4.48×10^{10}	0.16
落叶阔叶林	799.00	1.38	630.01	5.03×10^{11}	1.79
常绿阔叶林	2 396.75	4.15	858.19	2.06×10^{12}	7.30
常绿针叶林	3 031.25	5.25	433.47	1.31×10^{12}	4.66
混交林	14 950.75	25.87	531.66	7.95×10^{12}	28.22
灌丛	1 693.25	2.93	470.98	7.97×10^{11}	2.83
草地	7 718.75	13.36	503.52	3.89×10^{12}	13.80
耕地	17 737.00	30.69	560.11	9.93×10^{12}	35.27
水域	4 083.75	7.07	178.15	7.28×10^{11}	2.58
城镇用地	5 288.50	9.15	180.10	9.52×10^{11}	3.38
总和	57 790.50			2.82×10^{13}	

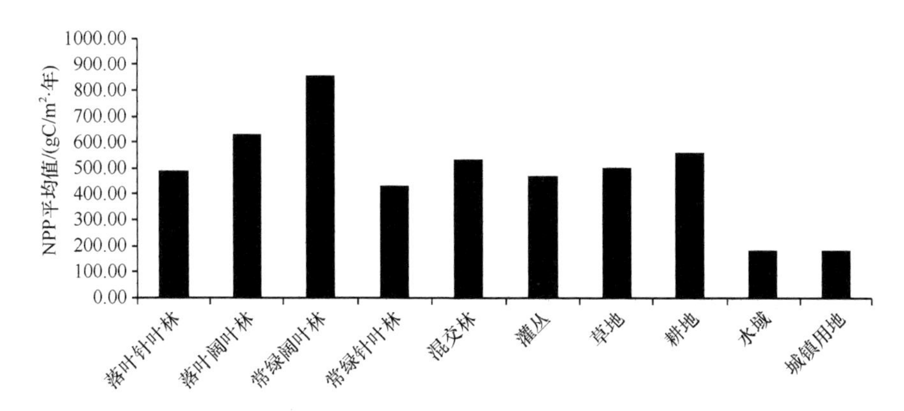

图 5-5　三峡库区 10 年不同植被类型的 NPP 平均值

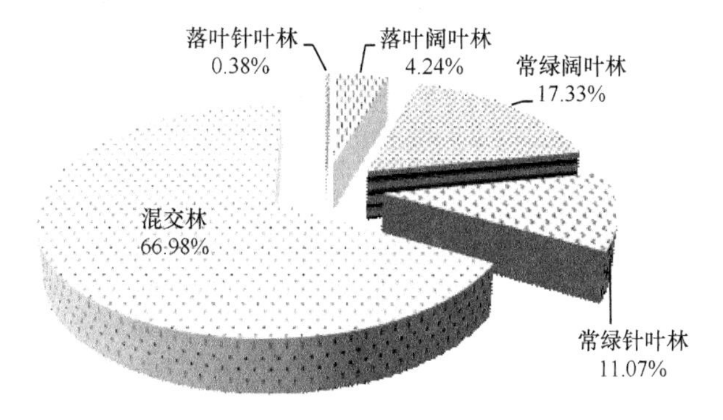

图 5-6　三峡库区内各森林类型年总 NPP 所占比例

从表 5-4、图 5-6 和图 5-7 可以看出，在 NPP 总量方面，各植被类型的比例分别为森林 42.13%、耕地 35.27%、草地 13.80%、灌丛 2.83%、城镇用地 3.38%和水域 2.58%。而在森林类型中，NPP 总量最大的是混交林，所占比例为 28.22%，其次为常绿阔叶林、常绿针叶林、落叶阔叶林和落叶针叶林，相应比例依次为 7.3%、4.66%、1.79%和 0.16%。大体上，森林和耕地的 NPP 总量相当于整个三峡库区的 77.41%，而水域和城镇用地的 NPP 总量远远低于其他植被类型。

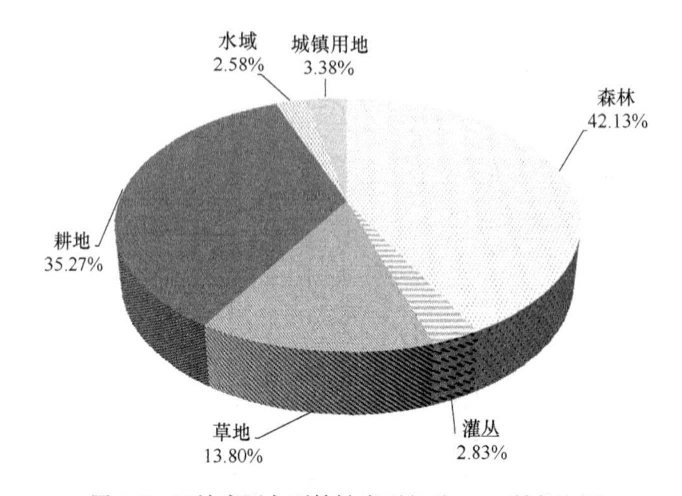

图 5-7　三峡库区主要植被类型年总 NPP 所占比例

从表 5-5 和图 5-8 可以看出，这 10 年中，各植被类型的变化都较为平稳，基本上和三峡库区 NPP 平均值的变化趋势一致，在 2003 年之前的 NPP 值波动较大，而 2003 年之后则是趋于平稳。水域和城镇用地的 NPP 一直处于低值区，变化不大。

表 5-5　2000～2009 年三峡库区不同植被类型 NPP 平均值统计表[单位：gC/（m^2·年）]

植被类型	2000	2001	2002	2003	2004	2005	2006	2007	2008	2009
落叶针叶林	492.08	478.58	465.29	472.80	497.21	503.99	493.48	499.62	508.25	482.30
落叶阔叶林	635.24	617.17	650.23	625.10	631.51	612.61	627.38	635.21	637.48	628.15
常绿阔叶林	855.14	817.67	888.50	846.72	879.30	867.61	853.55	865.47	865.00	842.90
常绿针叶林	435.52	412.51	450.17	416.12	441.46	438.71	433.19	443.12	440.96	422.94
混交林	537.04	503.08	556.45	501.89	525.09	543.90	526.48	549.88	551.66	521.12
灌丛	478.87	443.88	493.60	456.83	482.71	475.38	468.72	475.33	479.50	454.99
草地	510.33	478.98	533.86	464.00	502.01	516.74	501.69	520.48	520.26	486.89
耕地	568.86	548.79	569.32	509.32	556.28	578.01	559.50	581.65	580.95	548.42
水域	172.42	199.77	177.50	186.31	179.16	173.86	179.37	174.15	173.57	165.44
城镇用地	209.93	179.01	163.66	162.10	181.70	170.71	201.09	171.01	181.60	180.22

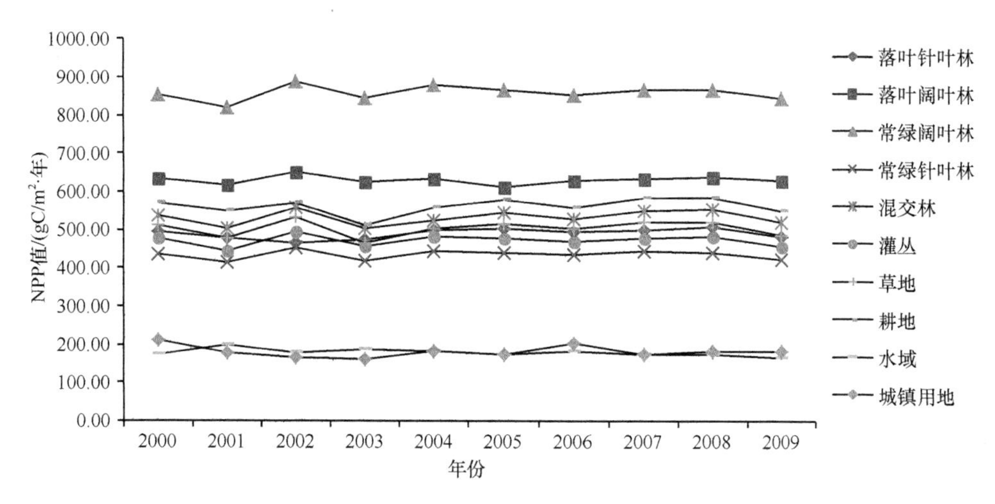

图 5-8　2000～2009 年三峡库区不同植被类型 NPP 平均值（另见彩图）

为了分析不同植被类型的 NPP 季相变化，根据不同植被类型每月 NPP 的平均值得到季相变化曲线，如表 5-6 和图 5-9 所示。

从表 5-6 和图 5-9 可以看出，各植被类型在生长季 NPP 的季相变化均呈现出单峰曲线的规律，最大值出现在 7 月，最小值出现在 11 月。5～9 月为 NPP 的主要积累月份，其他月份的 NPP 值明显低于这几个月。但是不同植被类型的 NPP 有着不同的变化幅度，如常绿阔叶林的 NPP 季相变化幅度最大，其次为落叶阔叶林，而水域和城镇用地的年内变化不显著。

表 5-6　三峡库区不同植被类型各月 NPP 平均值统计表[单位：gC/（m^2·月）]

植被类型	3	4	5	6	7	8	9	10	11
落叶针叶林	24.87	39.16	62.86	75.22	83.95	74.84	55.12	33.04	21.87
落叶阔叶林	20.52	40.44	85.67	111.58	123.00	105.06	65.71	34.83	16.12
常绿阔叶林	27.05	57.03	115.01	148.32	165.92	145.99	91.67	47.42	22.26
常绿针叶林	21.47	33.02	54.85	68.41	77.16	68.00	46.94	29.30	19.49
混交林	24.33	39.86	68.30	87.43	95.53	82.92	58.94	33.76	19.79
灌丛	22.60	35.64	61.43	75.76	83.50	73.44	50.61	31.24	20.18
草地	18.62	36.15	69.06	88.75	93.02	79.61	54.68	27.79	13.18
耕地	26.59	43.10	76.29	97.17	98.92	83.15	60.29	33.51	20.08
水域	6.22	15.98	19.83	25.24	30.30	24.02	17.74	10.38	4.25
城镇用地	4.97	12.41	20.66	26.45	35.35	25.22	20.75	8.28	3.38

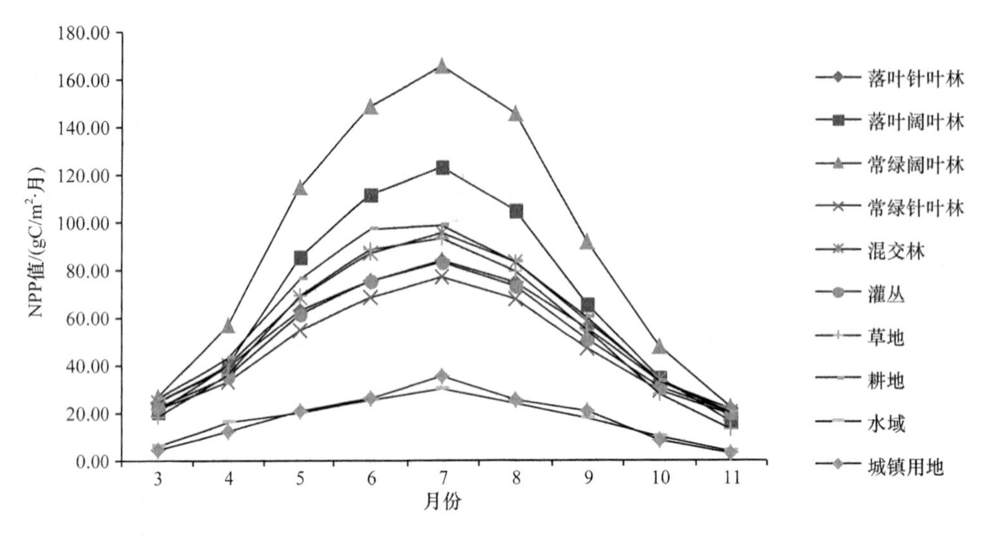

图 5-9 三峡库区不同植被类型 NPP 平均值年内分布（另见彩图）

各种植被类型在生长季 NPP 的季相变化符合 NPP 变化的总体趋势，夏季达到最高，主要是因为在初夏时节，三峡库区水热条件适宜，光合作用增强，植被盖度达到最大，植被吸收光和有效辐射的能力也得到提高。此外，不同植被类型 NPP 的变化趋势和三峡库区 NPP 总体变化情况相一致，从侧面证明了本研究估算的三峡库区 NPP 值有一定的准确性。

由以上分析可以看出，森林对三峡库区植被 NPP 的贡献率最大，而水域对三峡库区植被 NPP 的贡献率较小。其中，混交林的 NPP 总量大于其他 4 种森林类型的 NPP 总量，这主要是因为三峡库区的混交林年均 NPP 较大，并且混交林的面积也大于其他纯林。而三峡地区是传统的以农业为主的地区，耕地的面积较大，所以其 NPP 总量也大于其他植被类型。阔叶林的 NPP 值高于针叶林、灌丛、耕地、草地等类型，主要是因为该类型主要位于海拔较低的地区，温度中等，受人类生产经营活动的干扰小，植被长势好，因此 NPP 值较高。而随着海拔的升高，温度不断下降，立地条件变差，不适宜植物生长。针叶林较阔叶林海拔位置高，所以 NPP 值比较小，而草地一般位于高山，海拔较高，温度相对较低，对植被的生长不利，NPP 值也较小。

三峡库区中，森林的固碳能力在同等条件下比其他植被类型强，其中常绿阔叶林和落叶阔叶林的生产力最高，有利于提高三峡库区的生态承载力，应当大力发展种植。在 2000～2009 年这 10 年间，常绿针叶林的生产力较小且波动较大，存在不稳定性，表明该类型的管理方式有一定问题，需要采取措施加以改善。而 NPP 稳定性较强的也是常绿阔叶林和落叶阔叶林，因此在实践中，因地制宜扩大这几种类型有利于维持生态系统的稳定性，促进生态承载力。

5.1.2　三峡库区 NPP 空间格局

1. 三峡库区 NPP 总体分布

三峡库区的总体地势是西高东低，不同地区由于地理位置的差别，会产生不同的区域环境，加上太阳辐射、温度、降水等气象因素的差异，从而对不同地区的 NPP 产生综合作用。三峡库区 10 年平均 NPP 空间分布特征如图 5-10 所示。

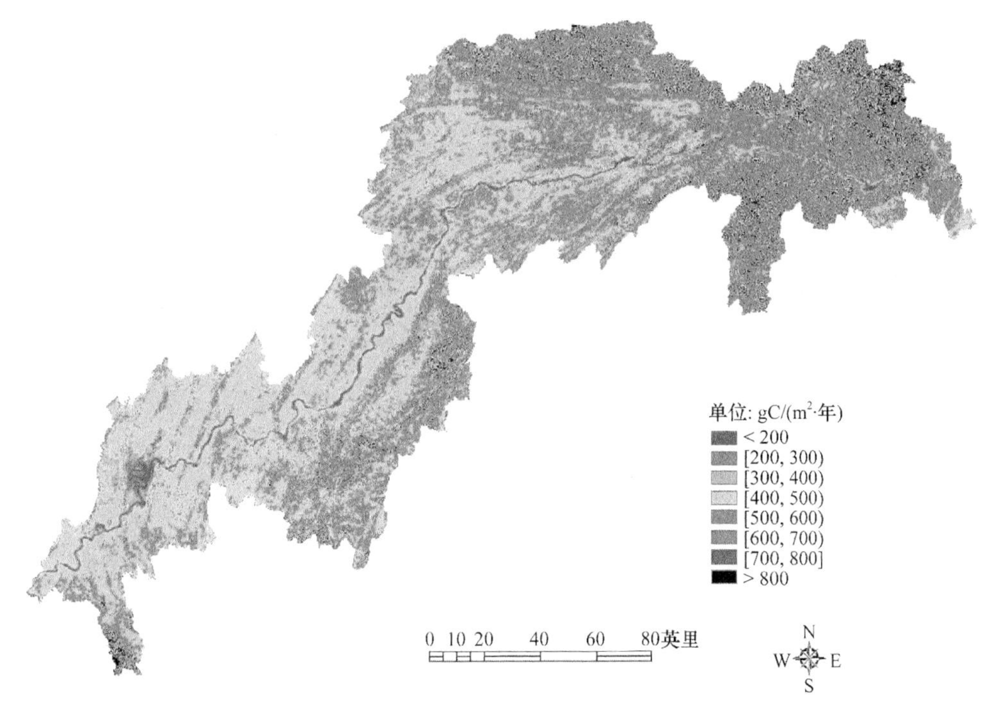

图 5-10　三峡库区 NPP 空间分布图（另见彩图）

1 英里=1609.344m

从图 5-10 可以看出，三峡库区 NPP 总体空间分布特征是东高西低、北高南低。NPP 的高值区[大于 800gC/（m^2·年）]主要呈点状分布；NPP 中值区[500～800gC/（m^2·年）]可以分为 4 个区域，即与神农架接壤地区、秭归—巴东—巫山沿线、涪陵—丰都沿线和江津四面山地区；次低值区[200～500gC/（m^2·年）]主要分布在库区的中部地区；而西南地区是 NPP 的低值区域[小于 200gC/（m^2·年）]，主要为重庆市城区。

2. 三峡库区各行政区 NPP 分布

本研究按照三峡库区的行政区划将 NPP 的分布情况进行统计，如表 5-7 和图 5-11 所示。

表 5-7 2000～2009 年三峡库区各行政区 NPP 统计表

行政区		NPP 平均值/[gC/（m^2·年）]	NPP 总量/（gC/年）	总量百分比/%
重庆市	渝中区	341.88	8.10×10^{9}	0.03
	江北区	361.26	8.59×10^{10}	0.31
	南岸区	367.43	9.83×10^{10}	0.35
	沙坪坝区	388.87	1.56×10^{11}	0.56
	九龙坡区	373.86	1.85×10^{11}	0.66
	大渡口区	322.21	3.10×10^{10}	0.11
	渝北区	424.61	6.08×10^{11}	2.16
	巴南区	451.06	7.91×10^{11}	2.81
	北碚区	428.32	3.17×10^{11}	1.13
	涪陵区	447.40	1.32×10^{12}	4.71
	万州区	461.63	1.59×10^{12}	5.66
	长寿区	435.66	6.10×10^{11}	2.17
	江津区	460.55	1.46×10^{12}	5.20
	开县	462.53	1.82×10^{12}	6.46
	云阳县	450.86	1.64×10^{12}	5.83
	忠县	457.66	9.94×10^{11}	3.53
	丰都县	453.91	1.32×10^{12}	4.69
	奉节县	470.17	1.92×10^{12}	6.83
	巫山县	506.37	1.50×10^{12}	5.32
	巫溪县	544.68	2.18×10^{12}	7.74
	武隆县	471.19	1.35×10^{12}	4.80
	石柱县	476.82	1.43×10^{12}	5.09
湖北省	夷陵区	579.95	2.13×10^{12}	7.56
	兴山县	592.01	1.38×10^{12}	4.89
	秭归县	560.98	1.28×10^{12}	4.55
	巴东县	579.32	1.93×10^{12}	6.86
	总计		2.82×10^{13}	100.00

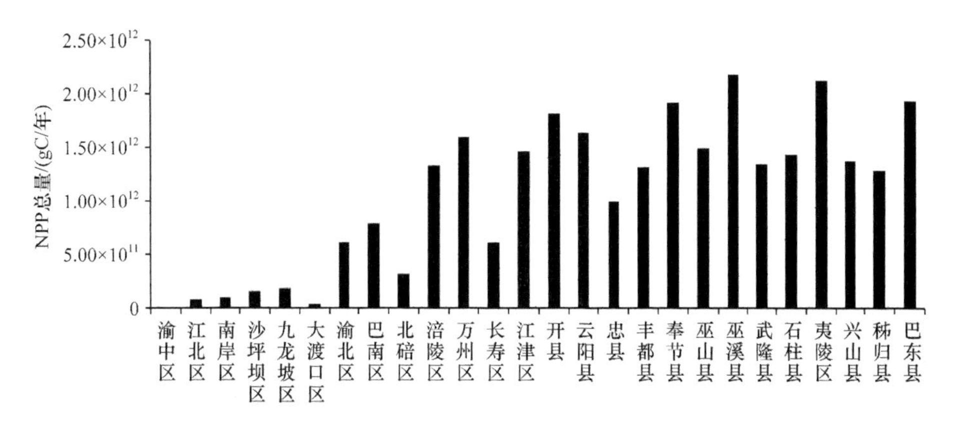

图 5-11　三峡库区各行政区 NPP 总量

从表 5-7 和图 5-11 可以看出，三峡库区的巫溪县年均 NPP 总量最高，达到了 2.18×10^{12}gC/年，占研究区 NPP 总量的 7.74%；其次为夷陵区和巴东县，分别为 2.13×10^{12}gC/年和 1.93×10^{12}gC/年，占研究区 NPP 总量的 7.56%和 6.86%；而年均 NPP 最小的是渝中区，NPP 总量为 8.10×10^{9}gC/年，仅占总量的 0.03%。

三峡库区各行政区 NPP 的分布格局主要与植被分布有关，巫溪县位于大巴山东段，夷陵区和巴东县等地森林资源丰富，植被盖度高，而渝中区是重庆市的中心城区，大部分为城镇用地，植被分布较少，生产力较低。加上整个三峡库区 98 万移民中，重庆库区负责完成安置 81 万人，其中外迁移民 14 万人，而有 67 万人就地后靠，致使城市迅速发展，而城市发展的代价是将更多的耕地转变为工厂，导致城镇用地面积急剧扩增，生产力进一步降低。巫溪、巴东等地的移民主要为外迁，使当地植被得到了较好的恢复，生产力提高。宜昌市夷陵区虽然城镇用地较多，但是在 2003 年启动了“长江三峡生态林项目”，该项目结合退耕还林工程和天然林保护工程共植树造林 2 万余亩①，栽植苗木 500 万余株，共同对当地生态环境改善起到了良好的效果。

但总体来说，NPP 的变化范围不大，可能是因为三峡库区在经度和纬度的跨度都不大，因此温度和降水的变化也较小，空间变化对三峡库区 NPP 并不会起决定性作用。

5.1.3　三峡库区 NPP 时空格局的影响因子

由于大气中含氧量和含碳量及土壤肥力在一段时间内较为稳定，所以本节只

---

① 1 亩≈666.67m^2

统计三峡库区 NPP、NDVI、太阳辐射、温度、降水量等变化较大因子的年平均值加以对比分析，如表 5-8 和图 5-12 所示。

表 5-8 NPP 变化与气候因子关系

年份	太阳辐射/（W/m^2）	NDVI	降水量/mm	温度/℃	NPP/（gC/m^2·年）
2000	4147.64	0.62	104.36	16.77	484.17
2001	4305.10	0.62	73.30	17.40	460.81
2002	4238.79	0.64	100.02	17.23	505.37
2003	4082.03	0.64	90.45	17.32	451.77
2004	4109.77	0.66	99.23	17.19	486.09
2005	4087.03	0.63	101.44	17.09	499.65
2006	4358.89	0.65	76.22	17.02	484.97
2007	4219.12	0.67	102.36	16.85	503.44
2008	4237.77	0.63	99.33	17.10	503.71
2009	4133.77	0.66	89.21	17.45	492.09

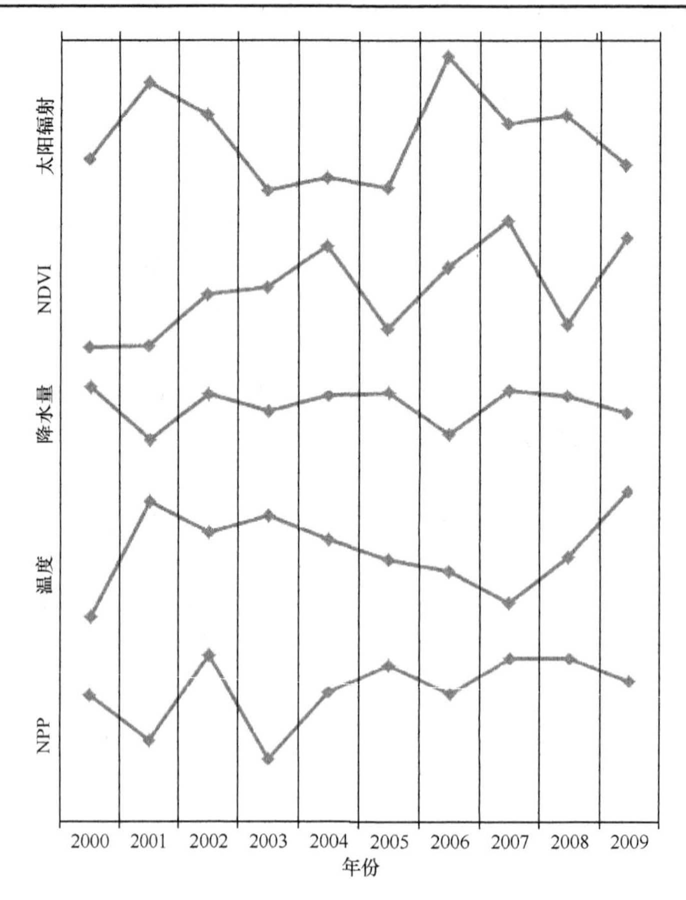

图 5-12 NPP 与气候因子对应曲线图

从表 5-8 和图 5-12 可以看出，10 年中，三峡库区的太阳辐射在 2003～2005 年出现了一个低值期，而生长季中（3～11 月）通常 7 月的太阳辐射达到最大，11 月为最小值。10 年中，最大值出现在 2001 年 7 月，达到了 611.47W/m^2，最小值为 2005 年 11 月，为 212.72W/m^2。

三峡库区的温度年际变化不大，10 年间温度先下降后上升，2000～2007 年波动下降，到 2007 年达到一个低值，再渐渐上升，至 2009 年达到最高。与此相对应的是，2009 年的 NPP 值也较低，整体趋势与温度的波动相反。

三峡库区的降水量在年间和年内均有较大的变化，降水最充足的是 2000 年，2001 年和 2006 年的降水较为贫乏。年内降水量最大的月份出现在 7 月，符合三峡库区雨热同季的气候特点，10 年平均累计降水量为 93.94mm。

三峡库区 NDVI 的平均值变化在 10 年间分为两个阶段：2000～2003 年为低值阶段，到 2003 年之后有所上升。NDVI 的年内变化规律为从 5 月开始迅速增长，基本上在 7 月达到最大值，8 月的 NDVI 值和 7 月相似或略小，至 10 月迅速下降。

综合分析这几个因素，温度的最高值往往滞后于太阳辐射，一般为太阳辐射最高值出现的下一个月，即每年的 7 月。而 NDVI 的情况类似，即 NDVI 的最大值也比太阳辐射达到最大值晚一个月。但是太阳辐射和 NPP 变化的关系并不紧密，说明它并不是影响三峡库区 NPP 时空格局的主要因子。在平均温度为 5℃以下的 1～2 月，三峡库区的降水较为稀少，植物不适应这种低温少雨的气候，使得 NPP 也处于低值；3～4 月的气温虽然上升至 15℃左右，降水量也有所上升，但是这个阶段植物刚开始进入快速生长时期，所以 NPP 值也不高；5～9 月的温度在 20～30℃，温度适宜，加上降水基本上集中在这个时期，非常适宜植被的生长和 NPP 的积累；7 月的温度和降水达到了最大值，NPP 也同时为全年最大值。

由此可见，温度和降水共同影响 NPP 的变化。例如，2001 的平均温度偏高，降水偏少，对应的 NPP 则有所下降，说明较长的高温期可以延长植物的生长期，增强植物的固碳能力。但是夏季过高的温度同时也会使得植物丧失大量水分，影响光合作用中酶的活性，阻碍植物生长。若温度超过了植被的适宜生长温度，则对 NPP 的增加起到负作用。而植被对降水也较为敏感，降水量大的地区，植被覆盖率也较大，NPP 值也相应增加，但是降水量存在一个范围，一旦超出这个范围，植被及土壤将不能加以吸收利用，反而不利于植物的生长，抑制 NPP 的产生。因此，充分但不过量的热和水是促进 NPP 增加的必要条件。

不过，由于三峡库区相对来说面积较小，所以各种因子在空间尺度上对 NPP 的影响小于时间尺度上的影响。此外，各种因子对不同植被类型作用的差异也不大，主要是因为三峡库区整体温度和降水量的差异较小。

总体来说，各种影响因子对三峡库区 NPP 的作用是综合的，虽然主要受热和水的影响，但是不同时间、不同地点的主导因子不同。

5.2 三峡库区不同森林类型现实生产力的水热分布与模拟

气候是决定陆地植被分布格局及其结构功能特性的主要因素（宋永昌，2001）。三峡库区森林类型多样，由于不同森林类型的树种组成、分布的水热范围及群落的组织与结构各不相同，其植被净初级生产力（NPP）的分布规律有着显著差异。NPP 作为表征植物活动的关键变量，是区域土地利用变化、气候变化和自然资源管理等研究工作中的重要一环。在水热梯度上研究不同森林类型 NPP 分布规律，并通过建立现实生产力的定量模拟模型，将有助于阐释植被、土壤和气候之间的复杂相互作用，对于库区生态防护林体系规划及植被建设布局具有重要的参考价值。

通过对三峡库区马尾松林、柏木林、杉木林、温性松林、针叶混交林、针阔混交林、落叶阔叶林及常绿阔叶林的现实生产力在库区水热因子上的分布规律进行分析，同时，纳入叶面积指数（LAI）和气候因子建立各森林类型的现实生产力模拟模型，以期为遥感与地面数据结合的中大尺度植被 NPP 的估测提供思路与方法，也为库区相关生态建设提供有力的理论和数据支持。

5.2.1 马尾松林 NPP 水热分布及其现实生产力模拟

三峡库区马尾松林水热分布范围为年均温度 10.5～19.1℃，年降水量 950～1550mm。由图 5-13 可以看出，当年均温度在 15℃以下时，马尾松林 NPP 表现为随温度升高的缓慢递增趋势，而在 15℃以上时则呈现出递减趋势。马尾松林 NPP 在水分梯度上也表现出了类似规律，在降水量为 1350～1450mm 马尾松林 NPP 达最大值，在此降水区间左侧表现为 NPP 的递增趋势，右侧 NPP 则呈缓慢递减趋势。进一步分析表明，三峡库区由于其较为特别的地理走势，温度与降水表现出了较强的相关性，总体上有温度升高伴随着降水量下降的趋势。库区马尾松林分布的水热范围较为宽泛，不同的温度与降水组合对其 NPP 有着显著的影响，在温度较低区域，热量不足是马尾松林生长的限制因子，增温能带来 NPP 的提高；而当温度升高到一定程度后，呼吸作用增强及水分下降对马尾松林第一性生产的抑制作用开始显现，从而表现出了 NPP 值随温度升高而迅速降低的趋势。

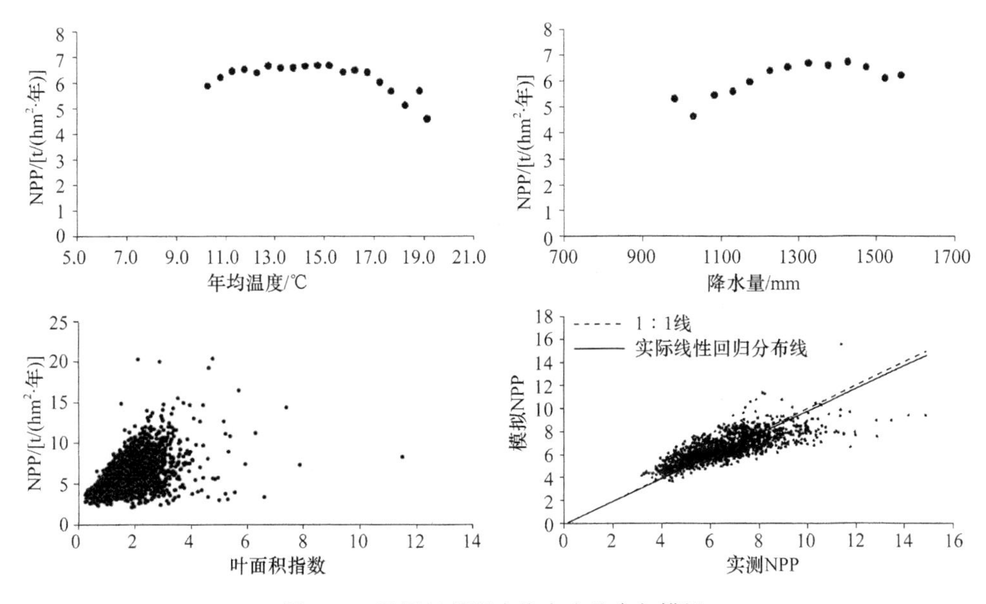

图 5-13 马尾松林现实生产力分布与模拟

本研究选择年平均降水量、年均温度、最大蒸散量、实际蒸散量、温暖指数、湿度指数、辐射干燥度等水热因子，对库区不同水热组合条件下的马尾松林 NPP 进行了模拟，结果表明，采用温度单因子的抛物线回归模式的模拟效果最好。

$$NPP_{马}=6.6216-0.1027\times(T-14.5)^2\quad R^2=0.5754，F=73.18，N=66$$

式中，*NNP* 为净初级生产力；*T* 为年均温度；*N* 为样本数。

尽管库区马尾松林在水热环境上的分布表现出了良好的规律性，但用上述关系式模拟的仅是马尾松林在一定的水热因子组合下平均 NPP 的大小，反映的是水热因子对库区马尾松林 NPP 影响的总体趋势。马尾松林的现实 NPP 则受到立地条件、林龄、地形及坡向等其他诸多因子的影响，表现出更大的波动性。林分叶面积大小是其物质生产能力的重要体现，叶面积指数能在一定程度上反映环境因子的综合作用。为此，在马尾松林现实生产力模拟中，加入叶面积指数因子，通过逐步回归得出库区马尾松林的现实生产力模拟式为

$$NPP=1.4678\times LAI-0.3267\times HI-0.0156\times E+17.6317$$

$$R^2=0.5707，F=650.60，F_{LAI}=1908.35，F_{HI}=59.45，F_{E}=112.05，N=1471$$

式中，*LAI* 为叶面积指数；*HI* 为湿度指数；*E* 为实际蒸散量。模式的相关系数达极显著水平，可用于模拟库区马尾松林的现实生产力。但是从模拟值与实测值散点分布图可以看出，在 NPP 的中低值区域模拟效果优于高值区，且高值区的模拟值整体偏低，这可能与叶面积指数的模拟效果有关。从各因子的 *F* 值检验可以看

出，叶面积指数对马尾松林现实生产力的影响最大，可以较好地反映环境因子对马尾松林净初级生产的影响。

5.2.2 柏木林 NPP 水热分布及其现实生产力模拟

三峡库区柏木林是该区域重要的森林植被之一，主要分布于库区海拔 300～1000m 的低山丘陵地区，同为柏木属的冲天柏林（*Cupressus duclouxiana*）则可在海拔 2000m 以上分布。柏木具有喜钙的特点，在土层深厚、环境湿润的钙质土上生长繁茂，酸性土上则生长不良（程瑞梅等，2000）。柏木林在库区的水热分布范围为年均温度 8.5～19.0℃，年降水量 1100～1600mm。柏木林 NPP 在温度上的变化趋势与马尾松林类似，但在表现规律上略有区别，如图 5-14 所示，年均温度在 15℃以下时，NPP 表现为随温度升高的较快递增趋势，而在 15℃以上则呈现出缓慢递减趋势。柏木林 NPP 在降水上的规律并不明显，总体上在降水量较大的区域其值较低。由于柏木林分布的低温区较马尾松林低，初期温度的升高能显著提高柏木林 NPP，随着温度的继续升高，呼吸作用增强及降水量减少带来的抑制作用对柏木林 NPP 的影响要较马尾松林小，NPP 的下降趋势也较缓和，在一定程度上说明了柏木林对干旱适应性较强的生态学特性。

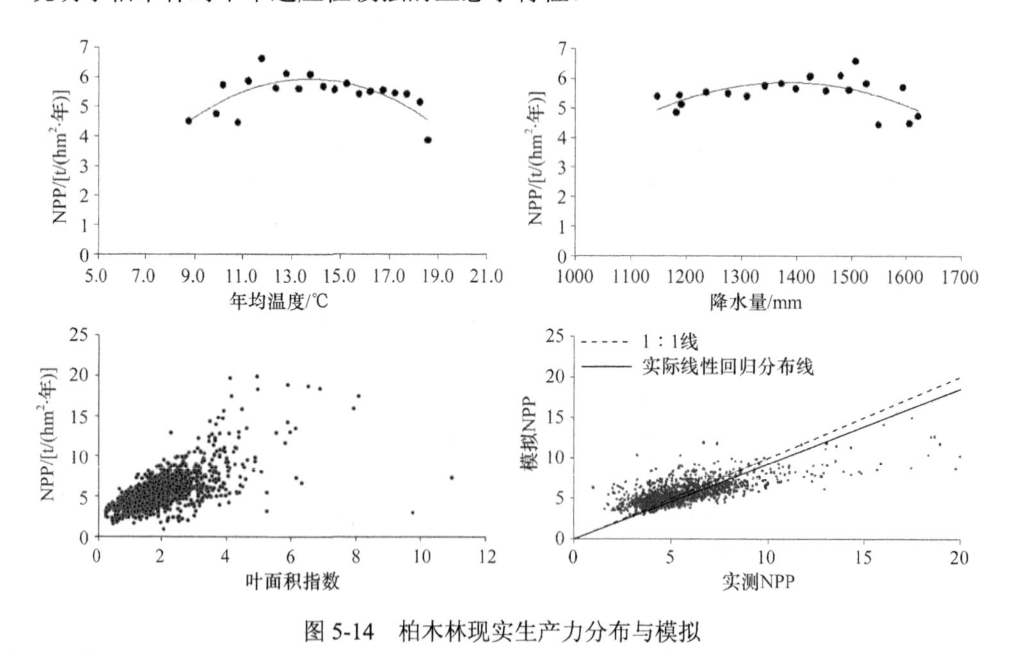

图 5-14 柏木林现实生产力分布与模拟

柏木林平均 NPP 在温度及降水上的分布规律可用二次曲线进行拟合，结果表明，柏木林平均 NPP 在温度上的分布拟合效果优于 NPP 在降水上的分布，表明温度是影响库区柏木林 NPP 分布的主要因子。

$$NPP_{T}=-0.057\times T^{2}+1.579\times T-4.906 \qquad R^{2}=0.539，N=20$$

$$NPP_{P}=-0.000\,02\times P^{2}+0.046\times P-26.20 \qquad R^{2}=0.365，N=20$$

式中，T 为温度；P 为降水量。

柏木林 NPP 与叶面积指数也表现出了良好的线性相关性，叶面积指数的变动可以较好地体现立地条件、林龄、地形及坡向等其他诸多因子的影响。通过将上述气候因子及叶面积指数与柏木林现实生产力进行逐步回归得出其模拟式为

$$NPP=1.4686\times LAI-0.00567\times E+7.0141$$

$$R^{2}=0.4637，F=590.12，F_{LAI}=1174.53，F_{E}=19.15，N=1376$$

从模拟值与实测值散点分布图可以看出，模拟的整体效果一般，这与柏木林现实生产力易受立地及人为干扰因素影响不无关系，需要进一步研究更能体现柏木林现实生产力变异的叶面积指数模拟方法，提高其对柏木林现实生产力的模拟精度。

5.2.3　杉木林 NPP 水热分布及其现实生产力模拟

杉木林是三峡库区重要的暖性常绿针叶林之一，其分布的海拔上限较马尾松林高，最高可达 1300m 以上的中山区域。杉木宜生长在土层深厚、温凉湿润的环境中，在石灰岩地区生长不良。杉木林在库区的水热分布范围为年均温度 10.0～19.0℃，年降水量 900～1600mm。杉木林 NPP 在水热梯度上的变化趋势较马尾松林及柏木林更为急剧（图 5-15），在年均温度在 14.5℃及年降水量 1500mm 以下时，NPP 表现为随温度或降水量升高的直线增加趋势，而在温度或降水高于此水热区间时，NPP 则出现线性递减趋势。表明杉木林 NPP 对于水热气候因子的变化较为敏感，在水热组合条件不能满足杉木林生长的需求时，杉木林 NPP 会快速下降，而这与库区杉木林分布并不广泛的现状是相符的。采用分段模拟方法对三峡库区杉木林平均 NPP 在温度与降水梯度上的分布规律进行拟合，下面 4 个回归式显示拟合效果较好。对于全国及区域性杉木林 NPP 在水热梯度上的分布规律，温远光等（1994）、罗天祥（1996）等学者曾有较为系统的研究，杉木林 NPP 的高值区主要分布在年均温度 16.5℃及年降水量 1800mm 区域，三峡库区杉木林 NPP 高值区的温度及降水都显著低于此分布区间，这与库区高温区降水量少、高湿区温度低的水热分布现状有关。

$$NPP_{T}=1.209\times T-5.934\ (10.0<T<14.0)\ R^{2}=0.923，N=8$$

$$NPP_{T}=-0.952\times T+22.44\ (13.5<T<19.0)\ R^{2}=0.793，N=12$$

$$NPP_P=0.014\times P-11.15\ (900<P<1450)\quad R^2=0.707,\ N=12$$

$$NPP_T=-0.021\times P+40.69\ (1400<P<1600)\quad R^2=0.883,\ N=8$$

杉木林 NPP 与叶面积指数也表现出了良好的线性相关性，叶面积指数的变动可以较好地消除非气候因子的影响。通过将上述气候因子及叶面积指数与杉木林现实生产力进行逐步回归得出其模拟式为

$$NPP=1.8715+0.0192\times WI+2.5486\times LAI-0.000023\times (P-1425)^2$$

$$R^2=0.4947,\ F=201.9,\ F_{LAI}=590.5,\ F_{WI}=13.2,\ F_P=23.08,\ N=936$$

式中，LAI 为叶面积指数；WI 为温暖指数；P 为降水量。从模拟值与实测值散点分布图可以看出，模拟的整体效果一般，反映了杉木林现实生产力易受环境及人为干扰影响的特点。

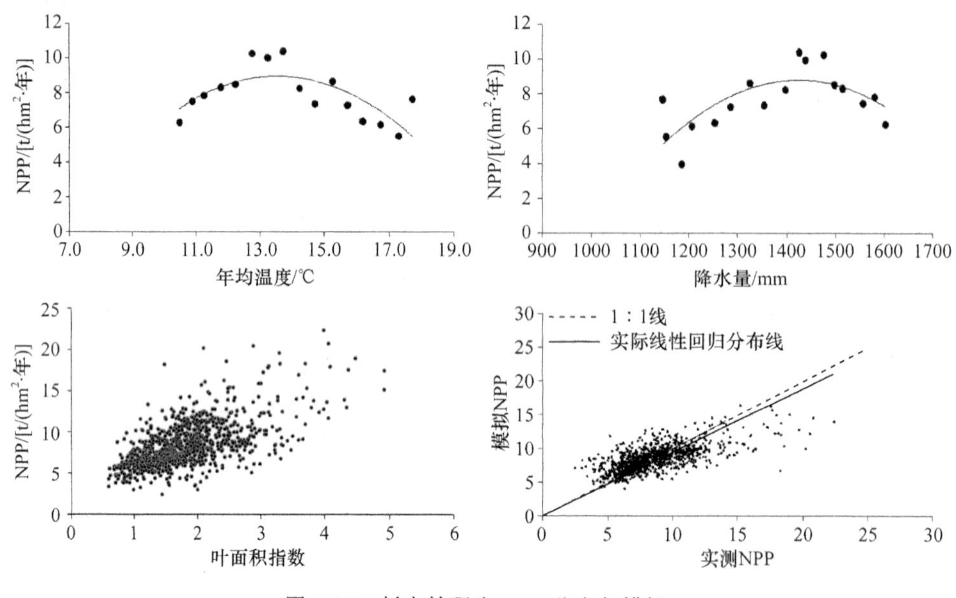

图 5-15　杉木林现实 NPP 分布与模拟

5.2.4　温性松林 NPP 水热分布及其现实生产力模拟

本研究所指温性松林包括了库区以巴山松、华山松及巴山榧树为主要建群种的松林，是三峡库区重要的天然森林植被之一，主要分布于库区海拔 500m 以上的中高山区。温性松林在库区的水热分布范围为年均温度 5.0～15.5℃，年降水量 1300～1700mm。由于温性松林在库区分布的海拔相对较高，其生长的低温区可低至年均温度 5.0℃左右，此时温度成为限制其生长的主要因子，其 NPP 在年均温

度 5.0～12.0℃表现为随温度升高的显著递增趋势，在 12.0～15.5℃则逐渐趋于稳定，平均 NPP 在 7.5～8.0t/（hm^2·年）波动（图 5-16）。与前述马尾松、杉木及柏木等暖性针叶林相比，温性松林 NPP 高值区的温度偏低，且在高值区过后随温度升高的变化趋势较暖性针叶林也明显缓和，表明呼吸作用增加及降水减少对温性松林的限制作用与升温的促进作用相对平衡，而暖性针叶林 NPP 则多表现为高值区过后随温度升高的下降趋势，体现了温性松林与暖性针叶林生理生态特性的差异。罗天祥（1996）对全国范围的温性松林 NPP 水热分布规律的研究表明，温性松林 NPP 随温度及降水的升高都呈增加趋势，但温度梯度上的 NPP 升高速率明显高于水分梯度上 NPP 增速。如前所述，三峡库区水热因子相互依存，温度的升高与降水的减少同时影响森林的净初级生产，温性松林 NPP 随温度升高主要表现为增加趋势，表明了温度对其 NPP 的影响更为明显，这与罗天祥（1996）的研究结论有一致性。库区温性松林平均 NPP 在温度及水分梯度上的分布规律可分别用下式模拟：

$$NPP_T = -0.071\times T^2 + 1.909\times T - 4.542 \qquad R^2=0.890，N=16$$

$$NPP_P = -0.000\,08\times P^2 + 0.241\times P - 167.4 \qquad R^2=0.858，N=15$$

温性松林 NPP 与叶面积指数也表现出了良好的线性相关性，叶面积指数的变动可以较好地消除非气候因子的影响。通过将上述气候因子及叶面积指数与温性松林现实生产力进行逐步回归得出其模拟式为

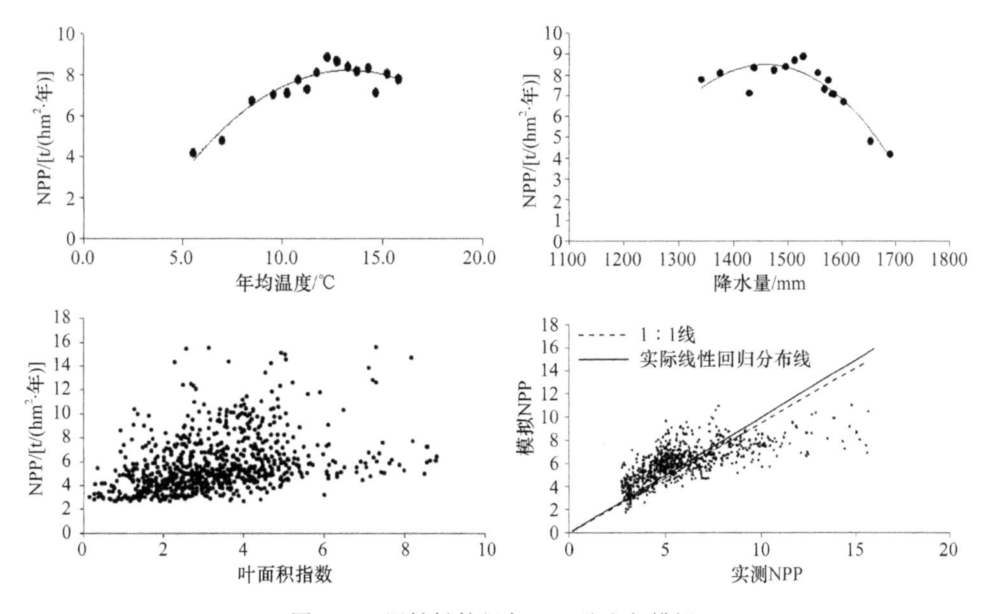

图 5-16　温性松林现实 NPP 分布与模拟

$$NPP=3.9334-0.079\,09\times(T-12.2)^2+0.614\,47\times LAI+0.000\,031\times(P-1450)^2$$

$$R^2=0.5212，F=176.10，F_{LAI}=134.23，F_T=51.83，F_P=15.62，N=808$$

式中，LAI 为叶面积指数；T 为年均温度；P 为降水量。从模拟值与实测值散点分布图可以看出，模拟的整体效果尚可。

5.2.5 针叶混交林 NPP 水热分布及其现实生产力模拟

针叶混交林是三峡库区重要的森林植被类型之一，主要指由各种温性及暖性针叶树种组成的混交林分，分布的海拔范围为 200～2000m。针叶混交林在库区的水热分布范围为年均温度 7.0～17.5℃，年降水量 1100～1650mm。从图 5-17 可以看出，在年均温 7.0～9.0℃时针叶混交林 NPP 表现为随温度升高的递增趋势，最高可达 14.5t/（hm^2·年）左右，随后随温度升高快速下降，至 13.0℃以后平均 NPP 稳定在 10～11t/（hm^2·年）。针叶混交林在温度梯度上的变化规律明显不同于前述各类针叶纯林，表现得较为复杂，可能与针叶混交林树种组成更为多样有关，在不同的温度区间其主要建群种及其组成比例各不相同（程瑞梅等，2002），NPP 对温度变化的响应也就各不相同。针叶混交林平均 NPP 随降水量增加呈显著升高趋势（图 5-17），表明在库区范围内，水分增加对针叶混交林 NPP 的提高有明显促进作用，降水量是影响库区针叶混交林 NPP 分布的主导因子。库区针叶混交林平均 NPP 在温度及水分梯度上的分布规律可分别用下式模拟：

$$NPP_T=0.021\times T^3-0.773\times T^2+8.428\times T-15.18 \qquad R^2=0.855，N=19$$

$$NPP_P=9.687\times\ln(P)-59.58 \qquad R^2=0.590，N=12$$

为了对针叶混交林现实 NPP 进行模拟，如前所述，在模型中引入叶面积指数因子。从图 5-17 可以看出，针叶混交林 NPP 与叶面积指数呈较强的线性相关性，两者相关系数达 0.4696，通过将前述气候因子及叶面积指数与针叶混交林现实生产力进行逐步回归得出其模拟式为

$$NPP=48.9885-0.1261\times WI+1.4595\times MI-0.01822\times E+1.9543\times LAI$$

$$R^2=0.5825，F=411.05，F_{LAI}=1539.59，F_{WI}=24.41，F_{MI}=50.30，F_E=72.58，N=1633$$

式中，LAI 为叶面积指数；WI 为温暖指数；MI 为湿润指数；E 为实际蒸散量。从模拟值与实测值散点分布图可以看出，模拟的整体效果较好。库区针叶混交林现实生产力与叶面积指数、湿润指数呈显著正相关，与温暖指数及年实际蒸散量呈负相关，从各指标的 F 值上看，叶面积指数对针叶混交林 NPP 的影响最显著，其次是年实际蒸散量。

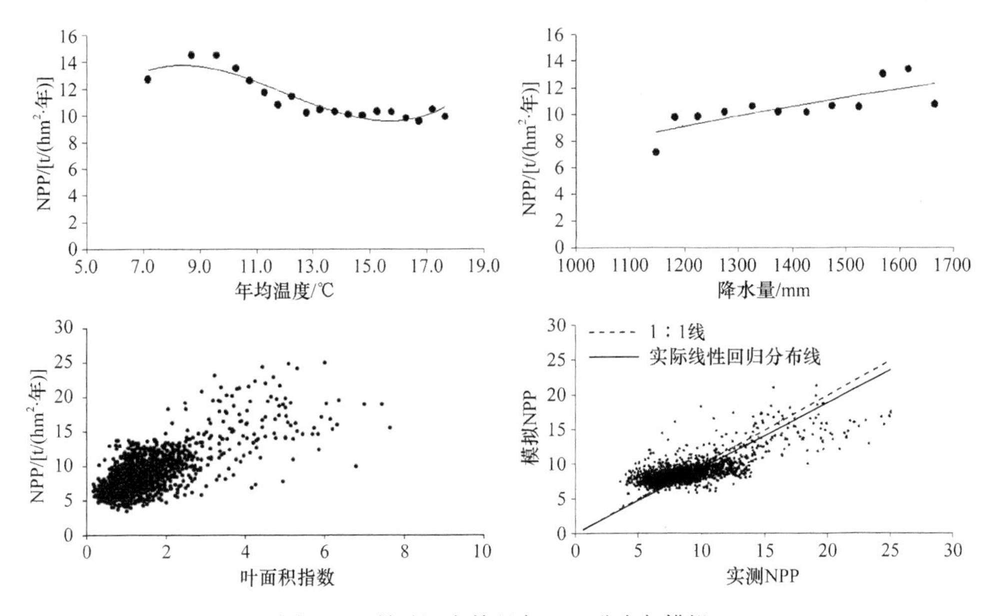

图 5-17　针叶混交林现实 NPP 分布与模拟

5.2.6　针阔混交林 NPP 水热分布及其现实生产力模拟

针阔混交林是三峡库区重要的森林植被类型之一，主要指由各种温性及暖性针叶和阔叶树种组成的混交林分，分布的海拔范围为 200～2000m。针阔混交林在库区的水热分布范围为年均温度 5.5～19.0℃，年降水量 900～1700mm。针阔混交林 NPP 的水热分布规律相对比较复杂，从图 5-18 可以看出，在年均温度 5.5～10.0℃时 NPP 表现为随温度升高的快速递增趋势，平均值最高可达 8.0t/（hm^2·年）左右，随后随温度升高交替出现增加或下降，但变动幅度趋缓，基本在 6.5～8.0t/（hm^2·年）变动。在水分梯度上，针阔混交林 NPP 在降水量 900～1100mm 时生产力随降水量增大呈下降趋势，随后至 1500mm 缓慢递增，在降水量在 1500～1700mm 时生产力快速下降。因为树种组成的多样性，针阔混交林 NPP 受水热因素的影响与针叶混交林一样表现得较为复杂。在针阔混交林分布的大部分水热区间内，其 NPP 的变动相对较为缓和，表明库区针阔混交林 NPP 受温度与降水的影响大致相当。库区针阔混交林平均 NPP 在温度及水分梯度上的分布规律可分别用下式模拟：

$$NPP = 0.006\times T^3 - 0.296\times T^2 + 4.423\times T - 14.00 \qquad R^2=0.925,\ N=19$$

$$NPP = -5E^{-08}\times P^3 + 0.0001\times P^2 - 0.221\times P + 95.47 \quad R^2=0.830 \quad N=12$$

尽管库区针阔混交林平均 NPP 在水热因子上的分布表现出了良好的规律性，

但采用上述水热分布式模拟其现实生产力同样无法取得令人满意的效果。图 5-18 显示针阔混交林现实生产力与叶面积指数亦表现出较好的线性相关性，通过将前述气候因子及叶面积指数与针阔混交林现实生产力进行逐步回归得出其模拟式为

$$NPP=12.6923-0.0083\times E+0.7907\times LAI-0.0593\times(T-15.2)^2-0.000\,005\,7\times(P-1180)^2$$

$$R^2=0.4383,\ F=362.43,\ F_{LAI}=929.21,\ F_E=16.21,\ F_T=51.18,\ F_P=10.06,\ N=1661$$

式中，LAI 为叶面积指数；E 为实际蒸散量；T 为年均温度；P 为降水量。从模拟值与实测值散点分布图可以看出，模拟的整体效果一般。库区针阔混交林现实生产力与叶面积指数呈显著正相关，与年实际蒸散量呈负相关，从各指标的 F 值上看，叶面积指数对模型的影响最显著，其次是温度、降水量和年实际蒸散量。

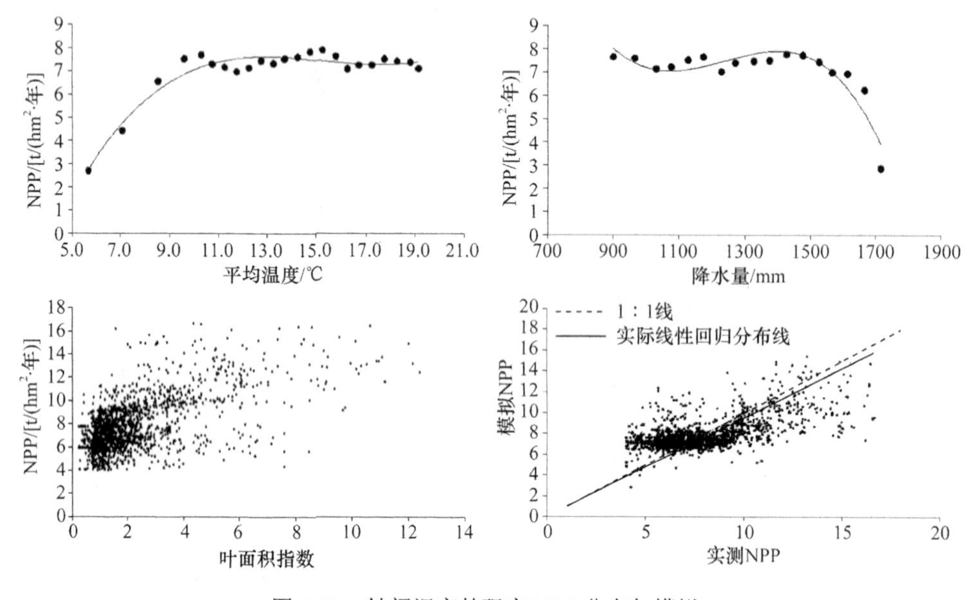

图 5-18　针阔混交林现实 NPP 分布与模拟

5.2.7　落叶阔叶林 NPP 水热分布及其现实生产力模拟

落叶阔叶林是三峡库区重要的森林植被类型之一，包括了以栎类林和水青冈林为主的典型落叶阔叶林，以桦木林为主的山地杨桦林及以四照花林、枫香林为主的一般落叶阔叶林（程瑞梅等，1999），分布的海拔范围为 200～2000m。落叶阔叶林在库区的水热分布范围为年均温度 5.5～18.5℃，年降水量 1050～1700mm。落叶阔叶林 NPP 的水热分布规律总体上都可用抛物线形予以描述（图 5-19），在年均温度 5.5～13.0℃时 NPP 表现为随温度升高的递增趋势，平均值最高在 7.0t/(hm²·年）左右，随后随温度升高快速下降，在高温区其平均 NPP 可降至 3.5t/

(hm²·年)。在水分梯度上，落叶阔叶林生产力在降水量 1000～1450mm 时表现为随降水量增大而升高的趋势，随着降水量的继续加大，则出现较快的下降趋势。本研究所指的落叶阔叶林包括的群落类型较多，其 NPP 受水热因素的影响显然较针叶纯林更为复杂，从 NPP 与温度及降水的散点分布图上也可以看出，NPP 在温度及降水梯度上的变化规律经常出现波动，但总体上仍表现出较为明显的先增后减的规律。可以认为，在年均温度较低的区域，温度是影响落叶阔叶林 NPP 分布的限制因子，而在温度较高的区域，水分对落叶阔叶林 NPP 所起的作用变得更为重要。库区落叶阔叶林平均 NPP 在温度及水分梯度上的分布规律可分别用下式模拟：

$$NPP_T = -0.054\times T^2 + 1.408\times T - 2.187 \qquad R^2=0.603，N=22$$

$$NPP_P = -0.00002\times P^2 + 0.058\times P - 32.63 \qquad R^2=0.536，N=15$$

图 5-19 显示落叶阔叶林现实生产力与叶面积指数也表现出良好的线性相关性，通过将前述气候因子及叶面积指数与落叶阔叶林现实生产力进行逐步回归得出其模拟式为

$$NPP=1.538\,2\times LAI - 0.038\,74\times E - 0.000\,046\times(P-1400)^2 + 99.0829\times RDI - 45.7615$$

R^2=0.5391，F=496.26，F_{LAI}=1727.51，F_E=302.69，F_{RDI}=358.98，F_P=124.36，N=1702

式中，LAI 为叶面积指数；E 为实际蒸散量；RDI 为辐射干燥度；P 为降水量。从模拟值与实测值散点分布图可以看出，模拟的整体效果较好。库区落叶阔叶林现实生产力与叶面积指数、辐射干燥度呈显著正相关，与年实际蒸散量呈负相关，

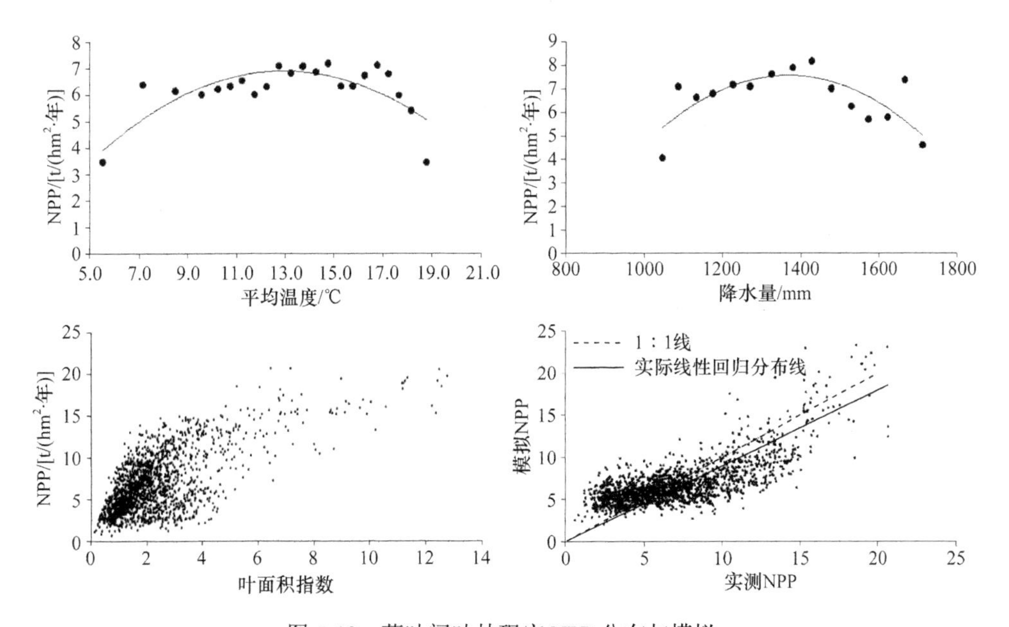

图 5-19　落叶阔叶林现实 NPP 分布与模拟

从各指标的 F 值上看，叶面积指数对 NPP 的影响最显著，其次是辐射干燥度、年实际蒸散量和降水量。

5.2.8 常绿阔叶林 NPP 水热分布及其现实生产力模拟

亚热带常绿阔叶林是指以壳斗科的栲属、青冈属、栎属和樟科的楠木属、樟属为主要建群种的各类常绿阔叶林分，本研究所指常绿阔叶林还包括以刺叶高山栎为主要建群种的硬叶常绿阔叶林。常绿阔叶林是三峡库区的地带性森林植被，但目前在库区仅有零星分布，尤其是低海拔区域的天然常绿阔叶林更是分布稀少（程瑞梅等，2002）。常绿阔叶林在库区分布的海拔上限可达 2500m 以上，水热分布范围为年均温度 5.5～19.5℃，年降水量 950～1700mm。常绿阔叶林 NPP 在水热梯度上的分布基本呈单调增减趋势（图 5-20），在库区范围内随温度升高常绿阔叶林平均 NPP 呈递增趋势，最高值分布在 18～19℃的区域，为 16.0t/（hm^2·年）左右，而在年均温度为 6℃左右的高海拔区域，NPP 值最低，仅为 7.0t/（hm^2·年）左右；在水分梯度上，常绿阔叶林平均 NPP 高值区主要分布于降水量较小的低海拔区域，而低值区则位于降水量较大的区域。不同学者在不同气候带对常绿阔叶林净初级生产力进行了研究（郑征等，2000；张林等，2004），结果表明从北亚热带、南亚热带到热带，随着温度及降水条件的改善，常绿阔叶林 NPP 呈递增趋势。罗天祥（1996）对全国范围内的常绿阔叶林 NPP 数据进行分析后，也得出了类似结论。但是库区具有高温低湿和低温高湿的气候特点，温度与降水不能同时发生正向作用，常绿阔叶林平均 NPP 在水热梯度上表现出的分布规律说明温度是其主导影响因子。库区常绿阔叶林平均 NPP 在温度及水分梯度上的分布规律可分别用下式模拟：

$$NPP_T = 6.651\times\ln(T) - 3.735 \qquad R^2=0.856,\ N=23$$

$$NPP_P = -0.000\,02\times P^2 + 0.048\times P - 10.31 \qquad R^2=0.752,\ N=16$$

为更好地模拟库区常绿阔叶林现实生产力分布规律，对库区范围常绿阔叶林的叶面积指数与现实生产力进行回归分析，图 5-20 显示现实生产力与叶面积指数也表现出线性相关性，通过将前述气候因子及叶面积指数与常绿阔叶林现实生产力进行逐步回归得出其模拟式为

$$NPP=0.6518\times LAI + 0.409\,98\times T + 4.0373$$

$$R^2=0.3575,\ F=319.86,\ F_{LAI}=437.16,\ F_T=92.90,\ N=1205$$

式中，LAI 为叶面积指数；T 为年均温度。从模拟值与实测值散点分布图可以看出，模拟的整体效果一般。库区常绿阔叶林现实生产力与叶面积指数、年均温度呈显著正相关，从各指标的 F 值上看，叶面积指数对模型的影响最显著，其次是年均温度。

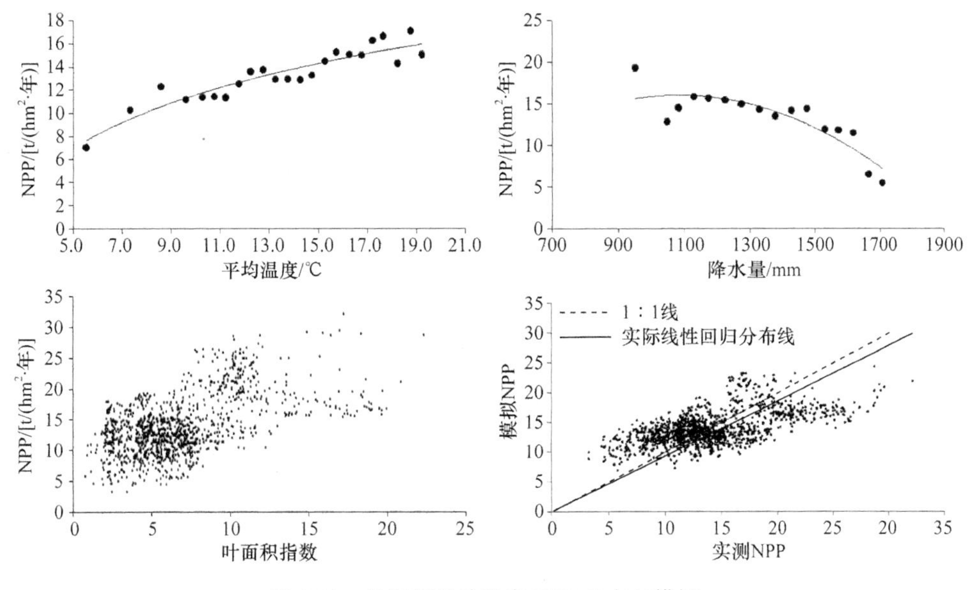

图 5-20　常绿阔叶林现实 NPP 分布与模拟

5.3　三峡库区森林植被气候生产力模拟与预测

植被生产力是评价生态系统结构与功能协调性的重要指标。植物地理学指出，气候是决定陆地植被类型分布格局及其结构功能特性的最主要因素。在自然界，对于植物或植物群落的生产力增加起重要作用的因子是适宜的温度、光照和充足的水分条件。由于各地气候条件的不同，光、热和水分条件就不同，形成的植物产量也不同。植被气候生产力（climatic productivity）是指在其他条件均适宜的情况下，自然生长发育的植被由气候资源所决定的单位面积生物学产量或经济产量（周广胜和张新时，1995），其实质是一种潜在生产力。研究植被的气候生产力，除了能揭示生产力与气候因子的关系，预测植被在某一地区发展的潜在能力外，还可根据全球气候变化的趋势，预测植被生产力的未来发展，对于区域林业生产布局、生态系统管理、气候资源的充分利用、植物产量的提高和全球气候变化的应对均具有重要的指导意义（刘世荣等，2005）。

气候生产力研究从 20 世纪 60 年代开始兴起，在国际生物学计划（IBP）和国际地圈生物圈计划（IGBP）的推动下，一些著名全球性气候生产力估测模型应运而生，如 Miami 模型、Thornthwaite Memorial 模型、Chikugo 模型等，成为模拟了解全球性植被生产力分布及其对气候变化可能响应的经典模型。从 20

世纪 80 年代开始，国内有学者（贺庆棠和 Baumgartner，1986；陈国南，1987；侯光良和游松才，1990；张宪洲，1993）利用这些模型对全国或地区尺度上的植被气候生产力进行了分析。其后，国内学者开始结合我国的气候及植被资源特点，开展了模型开发或改进方面的探索工作。朱志辉（1993）利用包括中国植被数据在内的 751 组各类植被数据建立了估计 NPP 的解析模型——北京模型；周广胜和张新时（1995）联系植物生理生态学特点，基于能量平衡方程和水量平衡方程的区域蒸散模式建立了改进型自然植被净初级生产力模型。同时，针对单个树种的气候生产力研究也得到了重视。罗天祥和赵士洞（1997）对全国杉木的气候生产力模型及其水热分布格局做了系统研究；刘世荣等（2005）通过在广西设立样地 94 块，建立了广西杉木林的气候生产力模型。这些工作对我国植被气候生产力研究起到了重要的推动作用，但由于资料、数据及方法的限制，现有的植被气候生产力研究可比性不强，一定程度上限制了相关成果的实际应用。利用连续、稳定的森林资源清查数据进行相关研究将是解决上述问题的重要途径之一（Zhou et al.，2002）。Zhao 和 Zhou（2004）在这方面进行了有益的探索，取得了很好的实际效果。

三峡库区地形复杂、气候多变，森林分布、生长与物质生产受到众多自然或人为因素的干扰，这一区域的植被气候生产力研究难度很大，但对于估计植被生产潜力、确定区域人口承载能力及植被生态建设很有意义。柯金虎等（2003）利用光能利用率模型对长江流域植被的生产力进行了估测，而关于库区植被气候生产力尚未见系统研究。本研究将利用库区范围基于森林资源调查数据建立的森林生产力数据对库区森林植被气候生产力进行研究，以期为这一区域的森林植被生产力研究、决策与应用提供参考。

5.3.1 三峡库区森林植被气候生产力模拟

1. 三峡库区典型森林类型的气候生产力模式

选择年降水量、年均温度、最大蒸散量、实际蒸散量、温暖指数、湿度指数、辐射干燥度等气候因子，与选择出的各森林类型净初级生产力进行单因素和多因素回归分析。结果表明，各森林类型 NPP 与年实际蒸散量的单因子回归效果良好。从图 5-21 所示的散点分布规律也可以看出，4 种森林类型的生产力都表现出了与年实际蒸散量的良好关系。表 5-9 列出了各森林类型气候生产力模型，模型的相关系数（r）、F 值等指标也反映出模拟的效果比较理想。

表 5-9　不同森林类型气候生产力模型

森林类型	模型	r	F	N	$Pr>F$
常绿阔叶林	$NPP=3.4976\times\exp(0.0021\times E)$	0.6569	70.85	40	<0.0001
落叶阔叶林	$NPP=-120.3064+0.6732\times E-0.0011\times E^2-6.3375\times10^{-7}\times E^3$	0.5684	17.12	43	<0.0001
常绿针叶林	$NPP=0.4516\times E-6.0487\times10^{-4}\times E^2+2.6384\times10^{-7}\times E^3-98.0373$	0.8495	67.76	40	<0.0001
针阔混交林	$NPP=0.0101\times E^{1.0023}$	0.5438	35.76	33	<0.0001

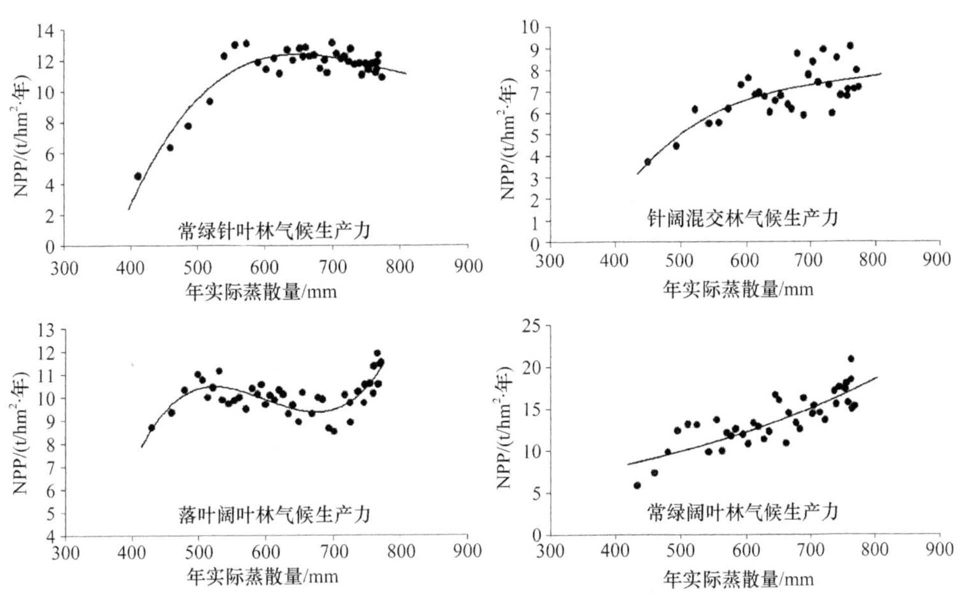

图 5-21　三峡库区不同森林植被气候生产力与年实际蒸散量关系

蒸散量受太阳辐射、温度、降水、气压、风速等一系列气候因子的影响，理论上也包括植被的蒸腾量，是一个反映能量平衡、植被与环境相互作用的综合性因子，在估算水热梯度变化较大区域的森林气候生产力上有较好的实际应用效果（周广胜和张新时，1995）。从各森林类型自然状态下与蒸散量表现出的关系看，与各森林类型现实生产力在水热因子上的变化规律较为一致，但是从生产力值的大小上看，各类型森林的气候生产力明显高于其现实生产力的平均水平，库区森林生产与生态功能还有较大的发展潜力。

2. 三峡库区森林气候生产力分布与模拟

按 0.1°经度×0.1°纬度×100m 海拔将库区划分成若干网格，同时将温度与降水量按相同分辨率进行插值，同一网格内取其中心点的气候因子平均值，基于ArcGIS建立库区网格内的温度、降水及蒸散量数据库。在每个网格内代入前述建立的各森林类型气候生产力模式，得到一组气候生产力数据，若忽略立地条件、树种组成等其他生物或非生物因子对森林分布的影响，在库区范围内由气候决定的森林生产力则可由每1个网格内4种森林类型NPP的最大值确定。据此，得到库区森林植被的气候生产力与蒸散量分布的关系，可用下式进行模拟：

$$NPP_E=3.7055\times \exp（0.00202\times E）$$

式中，E表示年实际蒸散量（mm）。

表5-10列出了4种森林类型代表全库区气候生产力的分布范围及气候生产力值区间。可以看出，根据气候生产力大小确定的常绿阔叶林分布范围最广，主要分布在海拔200～1600m，温度10℃以上，年实际蒸散量在550～900mm的区域，在这一区域常绿阔叶林的理论气候生产力应该在11.95～21.27t/（hm^2·年）变动。在海拔1400～1900m区域，温度明显下降，蒸散量也趋降低，常绿针叶林和针阔混交林的气候生产力最大，成为这一区域分布的主要森林类型，常绿阔叶林和落叶阔叶林仅有少量分布，这一区域的气候生产力大致变动在8.61～12.55t/（hm^2·年）。到了2000m以上的高海拔地段，气温下降和湿度加大的趋势更加明显，年实际蒸散量大都在550mm以下，这一区域分布的落叶阔叶林是区域气候生产力的代表，其理论气候生产力为8.54～10.62t/（hm^2·年）。

表5-10 不同森林类型的气候生产力分布区间

森林类型	温度范围/℃	降水范围/mm	海拔区间/m	蒸散量区间/mm	气候生产力值区间/[t/（hm^2·年）]
常绿阔叶林	10.5～19.5	800～1800	200～1600	550～900	11.95～21.27
落叶阔叶林	4.5～9.0	1550～1750	1750～2550	420～530	8.54～10.62
针阔混交林	8.5～9.2	1500～1700	1750～1900	520～550	8.61～9.22
常绿针叶林	8.5～10.5	1500～1700	1400～1800	520～590	10.64～12.55

5.3.2 三峡库区森林的气候生产力与现实生产力比较

假设两种情形：一是库区现有森林分布的类型与面积都不变化，但每种森林类型都达到分布区内自身的气候生产力，本研究称之为实际潜在生产力；二是森林的分布完全满足库区气候生产力要求但森林总面积不发生变化时的生产力，本书称之为理论潜在生产力。这两种气候生产力可为库区森林植被建设、恢复与保护提供不同的参考，对现有植被的恢复与改造可以实际潜在生产力为参考依据制订目标与措施，而对于区域生态规划与植被重建，则可以理论潜在生产力作为参考。表 5-11 列出了两种情形下的可能生产力与现实生产力的对比情况。三峡库区森林的平均现实生产力为 7.57t/（hm^2·年），第 1 种情形下，即库区森林的实际潜在生产力为 11.26t/（hm^2·年），较现实生产力提高了 48.71%，在库区森林面积不增加的前提下可增加生物产量 650.16×10^4t/年；而库区的理论潜在生产力则为 14.84t/（hm^2·年），较现实生产力可提高 95.92%，每年增加的生物产量高达 1280.31×10^4t，基本相当于增加了 1 倍之多。

表 5-11　不同森林类型气候生产力与现实生产力比较

森林类型	面积 /×$10^4$$hm^2$	现实生物产量/（×10^4t/年）	现实生产力 /[t/（hm^2·年）]	气候生物产量 1 /（×10^4t/年）	气候生物产量 2 /（×10^4t/年）	气候生产力 1/ [t/（hm^2·年）]	气候生产力 2 /[t/（hm^2·年）]
常绿阔叶林	6.838	92.990	13.599	94.882	95.381	13.876	13.949
落叶阔叶林	119.172	896.353	7.522	1417.952	1813.918	11.898	15.221
针阔混交林	20.803	162.817	7.827	170.017	315.140	8.173	15.149
常绿针叶林	29.465	182.720	6.201	302.185	390.746	10.256	13.261
合计	176.278	1334.880	7.573	1985.036	2615.186	11.261	14.836

注：气候生产力 1 与气候生物产量 1 指实际潜在生产力与生物产量；气候生产力 2 与气候生物产量 2 指理论潜在生产力与生物产量

从不同森林类型的气候生产力与现实生产力比较来看，常绿阔叶林现实生产力与气候生产力相差最小，现实生产力相当于气候生产力的 98.01%，主要是由于库区分布的常绿阔叶林大多为天然或天然次生林分，人为干扰相对较少，且属于中亚热带的地带性森林植被，对气候资源的适应性和利用效率都较高，现阶段库区常绿阔叶林治理对策应该是以保护为主，尽量减少破坏和人为干扰。针阔混交林的现实生产力也达到了气候生产力的 95.77%，与针阔混交林中幼林所占比例较大且生产力较高有关，从起源上看，针阔混交林以次生林为主，也是现实生产力与气候生产力接近的原因之一，对针阔混交林也应以保护和封育为主。落叶阔叶林和常绿针叶林的现实生产力分别为其气候生产力的 63.22%和 60.47%，其生产潜力远没有得到应有的发挥，与库区落叶阔叶林和常绿针叶林分布面积广泛、受各种自然或人为干扰的影响较为强烈有关，这两种类型的森林无疑应该是库区现阶段改造与恢复的重点，这两类森林若能达到现实生产潜力，可提高库区生物产量 641.06×10^4t/年，相当于提高库区年生物产量 48.02%。

5.4　气候变化对三峡库区森林气候生产力的影响

为估算气候变化对三峡库区森林气候生产力的可能影响，首先需要对气候变

化进行定量表达，而温度和降水是区域气候变化情景分析的 2 个基本要素（赵俊芳等，2008）。据政府间气候变化专门委员会（IPCC）第 3 次评估报告预测，全球平均气温在 1990～2100 年将升高 1.4～5.8℃，预计 21 世纪全球平均年降水量会增加，但在区域尺度上降水的增加和减少都有可能，最可能的情景是增加 5%～20%。三峡库区局地气候多变（陈鲜艳等，2009），水库蓄水对气候变化也会因距库体远近不同产生不同程度的影响（张洪涛等，2004），为此本研究在确定气候情景时综合考虑了温度增加、降水量变化（增加和减少）的情况（表 5-12）。

表 5-12　拟采用的不同气候情景

代码	气候情景
T0P0	当前气候状况
T0P20	温度不变，降水量增加 20%
T0P–20	温度不变，降水量减少 20%
T2P0	温度升高 2℃，降水量不变
T2P20	温度升高 2℃，降水量增加 20%
T2P–10	温度升高 2℃，降水量减少 10%

表 5-13 列出了不同气候变化情景下库区森林气候生产力变化的统计结果。降水量增加能不同程度地提高常绿阔叶林、落叶阔叶林及针阔混交林的生产力，在温度不变降水量增加 20%情况下，常绿阔叶林、落叶阔叶林及针阔混交林生产力可提高 3.55%～4.39%，而在降水量减少 10%的情况下，3 种森林类型的气候生产力将下降 1.27%～2.88%。常绿针叶林则出现了相反的变化趋势，降水量增加时库区常绿针叶林生产力总体上呈减少趋势，但是其变动幅度明显小于其他 3 种森林类型。主要是由于针叶林在库区分布的范围很广，在不同的水热组合条件下，针叶林的 NPP 会表现出正负 2 个方向的变化，反映出来的总体变动值较小。温度增加对常绿阔叶林、落叶阔叶林及针阔混交林生产力的提高有明显促进作用，三者在温度增加 2℃的情况下，气候生产力可分别提高 17.15%、8.48%和 11.14%；而增温对针叶纯林的作用不明显，总体上其生产力还略有下降。在温度与降水同时增加的气候情景下，各种森林类型生产力的变动幅度都进一步加大，常绿阔叶林增幅最大为 24.28%，常绿针叶林减幅则达 5.55%。落叶阔叶林对气候变化最为敏感，5 种气候情景下其 NPP 变动的标准误都最大，而针阔混交林和常绿针叶林的变动标准误相对较小。不同森林类型对温度与降水变化的反映不一，常绿阔叶林、落叶阔叶林对温度的变化反映较为敏感，而降水量变化对针阔混交林与常绿针叶林影响更大。

表 5-13　不同森林类型不同气候变化情景下生产力预测值

代码	常绿阔叶林				落叶阔叶林				针阔混交林				常绿针叶林			
	NPP/[t/(hm²·年)]	±%	mean/[t/(hm²·年)]	std	NPP/[t/(hm²·年)]	±%	mean/[t/(hm²·年)]	std	NPP/[t/(hm²·年)]	±%	mean/[t/(hm²·年)]	std	NPP/[t/(hm²·年)]	±%	mean/[t/(hm²·年)]	std
T0P0	13.88				10.26				8.17				11.90			
T0P20	14.49	4.39	0.89	0.60	10.63	3.61	1.00	1.33	8.46	3.55	0.28	0.14	11.70	−1.68	−0.18	0.25
T0P−10	13.48	−2.88	−0.57	0.35	10.13	−1.27	−0.37	0.53	7.97	−2.45	−0.19	0.09	12.01	0.92	0.10	0.19
T2P0	16.26	17.15	2.43	0.43	11.13	8.48	2.28	2.26	9.08	11.14	0.77	0.05	11.64	−2.18	−0.34	0.72
T2P20	17.25	24.28	3.85	1.23	12.56	22.42	5.53	5.46	9.48	16.03	1.15	0.16	11.24	−5.55	−0.51	0.85
T2P−10	15.62	12.54	1.56	0.36	10.54	2.73	0.91	1.02	8.82	7.96	0.51	0.13	11.65	−2.10	−0.14	0.60

注：±%指与当前气候情景下 NPP 值的增减百分比；mean、std 分别指与当前气候情景下 NPP 差值的平均值及标准误

从三峡库区区域森林气候生产力对气候变化响应上看（表 5-14），5 种气候情景下库区森林总的实际潜在生产力变动很小，其变动范围在−0.53%～5.51%，且 NPP 值变动的标准误都在 1 以下，主要是由各种森林类型生产力对气候变化的可能响应方向互不相同所致。而理论潜在生产力则表现出了对气候变化的强烈反应，在温度或降水增加的情况下，生产力表现出明显的增长趋势，尤其是在 T2P20 情景下其增幅可以达到 29.51%。

表 5-14　不同气候变化情景下不同气候生产力值

代码	实际潜在生产力				理论潜在生产力			
	NPP/[t/(hm²·年)]	±%	mean /[t/(hm²·年)]	std	NPP/[t/(hm²·年)]	±%	mean /[t/(hm²·年)]	std
T0P0	11.26				14.84			
T0P20	11.61	3.11	0.35	0.51	15.52	4.58	1.12	1.44
T0P−10	11.20	−0.53	−0.21	0.27	14.26	−3.91	−0.31	0.73
T2P0	11.88	5.51	0.48	0.33	17.65	18.94	3.89	1.38
T2P20	11.45	1.69	0.55	0.52	19.22	29.51	4.01	4.28
T2P−10	11.66	3.55	0.39	0.35	16.55	11.52	1.77	2.01

注：±%指与当前气候情景下 NPP 值的增减百分比；mean、std 分别指与当前气候情景下 NPP 差值的平均值及标准误

第6章　三峡库区森林土壤

三峡库区山地地貌类型组合多样，导致水热条件重新组合，产生多种土壤类型。在海拔1200m侏罗纪紫色岩层多发育为石灰性紫色土，白垩纪紫色岩层多发育为酸性紫色土。石灰岩地区在海拔1400m以下主要分布山地黄壤，为该区地带性土壤，海拔1500m以上分布山地黄棕壤。

库区地处川东平行岭谷低山丘陵区和大娄山北坡深切割中、低山区，大小河流顺其地势从南北两侧向长江汇集，形成一个切割较为破碎，并以海拔500m以下的山地为主体的丘陵低山区。有30%的耕地坡度大于25°，形成切沟和冲沟。该区山地岩性构成以红色砂页岩为主，加之大面积坡地的存在，为流水和重力的侵蚀创造了有利条件。

库区土壤共有6个土类16个亚类。主要土壤类型有黄壤、山地黄棕壤、紫色土、石灰土、 潮土和水稻土。在土壤类型中，紫色土占土地面积的47.8%，富含磷、钾元素，松软易耕，适宜种植多种作物，目前是库区重要柑橘产区；石灰土占34.1%，低山丘陵有大面积分布；黄壤、山地黄棕壤占16.3%，是库区基本水平地带性土壤，分布于海拔600m以下的河谷盆地和丘陵地区，土壤自然肥力较高。耕地多分布在长江干、支流两岸，大部分是坡耕地和梯田。

库区的基带土壤为黄红壤，其他土类有山地黄壤、山地黄棕壤、山地棕壤、山地草甸土、石灰土、紫色土、水稻土和潮土。成土母岩有花岗岩、石灰岩、泥质沙质页岩、石英砂岩、紫色砂页岩、硅质页岩和河流冲积土，由此而发育成系列土壤，主要土类如下。

（1）水稻土：水稻土是在长期种植稻谷的水温条件下形成的一种非地带性土壤。在人为长期耕作中，土壤剖面形成淹育层、渗育层、潜育层和潴育层等层次。水稻分布在海拔1200m以下的地带。

（2）紫色土：紫色土的发育受母岩影响最大，其成土母岩是紫色砂页岩的风化物， 具有稳定的紫色及复杂的矿物质。该类型主要分布在海拔1000m以下的低山丘陵地区。

（3）山地黄壤：分布于海拔1200m以下，在亚热带湿热气候条件下形成的土壤。其成土过程具有明显的黏化和富化过程，整个土壤剖面呈金黄色，土壤呈酸性反应，pH为6以下。

（4）山地黄棕壤：主要分布在海拔 1200～1700m，系黄壤和棕壤之间的一个过渡类型。它是在温暖、湿润的常绿阔叶林与落叶阔叶混交林下发育的一个土壤类型。土壤一般呈黄棕色或黄褐色，分布在海拔高、湿度大的土带，一般无石灰反应，pH 由酸性至微酸性。

（5）山地棕壤：分布在海拔 1500～2200m 的中山地带。它是在落叶阔叶林下或落叶阔叶与针叶混交林下的一个土类。土壤呈中性至微酸性反应。

（6）山地灰棕壤：分布在海拔 2200m 以上的暗针叶林带，是在阴湿冷凉气候和针叶林下发育的具有灰化现象的土壤。土壤质地较轻，呈酸性反应，主要植被为冷杉。

6.1　三峡库区植被不同演替阶段土壤养分

植物群落演替的过程中，土壤与植物相互影响，不同植物群落将导致其生长地土壤化学性质的不同，而不同的土壤养分状况又会作用于群落内的许多生态过程（何园球等，2003；宋洪涛等，2007）。土壤不仅为植物生长提供其所必需的矿质营养元素、水分、空气和微生物，也是生态系统中物质和能量交换的重要场所，土壤状况直接影响植物的生长发育，影响植物群落内植物种类的分布格局（阿守珍等，2006）。植物根系分泌物和枯落物等可改善土壤的水、热、气、肥等理化性质（谢晋阳和陈灵芝，1994；宋洪涛等，2007）。研究分析三峡库区植被不同演替阶段及不同经营措施的土壤养分，探讨植物群落演替、生产经营措施与土壤养分演变的关系，为该地区植被自然恢复演替及生产实践奠定基础。

以空间替代时间的方法选取能代表不同演替阶段的各种典型样地，而且选择样地时尽量使植被不同演替阶段相互之间要有相似的生态条件（刘攀峰等，2008）。根据群落结构特征划分 5 个分别代表不同演替阶段的植被类型：灌丛、针叶林、针阔混交林、落叶阔叶林和常绿阔叶林，这 5 个植被类型的演替序列由低到高（肖文发等，2000）。

6.1.1　植被不同演替阶段土壤 pH 特征

三峡库区植被不同演替阶土壤 pH 表现为灌丛＞针叶林＞落叶阔叶林＞针阔混交林＞常绿阔叶林，平均值分别为 6.65、5.91、5.68、5.32 和 3.75，除在落叶阔叶林中有所升高外，总体随植被的正向演替逐渐降低，且植被演替初期（灌丛）、中期（针叶林、针阔混交林、落叶阔叶林）、后期（常绿阔叶林）间存在极显著性差异（图 6-1）。随着演替进展，植被生物量增加，可以产生更多的凋落物，大量凋落物分解产生较多的 CO_2 和有机酸，降低了土壤 pH（许明祥和刘国彬，2004；胡玉福等，2006；温仲明等，2007）。但是在落叶阔叶林阶段，土壤环境相对干燥，一些碱性离子（如 Ca^{2+} 和 Mg^{2+} 等）吸收了土壤中大量的 CO_2 和有机酸，此阶段 pH 有所升高。而到常绿阔叶林阶段，土壤环境湿度增大，凋落物易被降解，进而产生较多的酸性物质，pH 逐渐降低（何园球等，2003）。

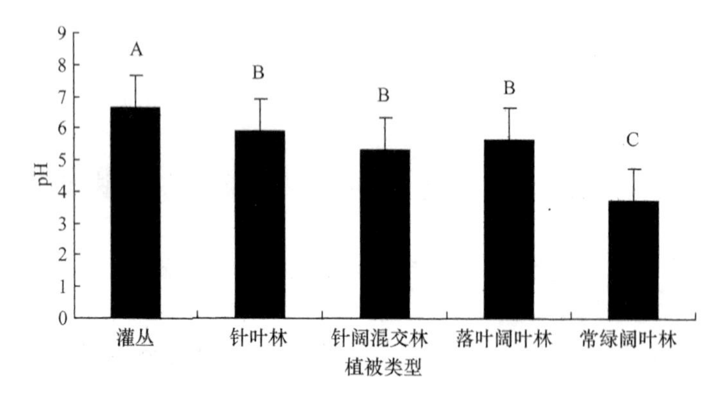

图 6-1　三峡库区植被不同演替阶段土壤 pH 变化

经 LSD 多重检验，不同大写字母表示处理间差异极显著（$P<0.01$）

随着土壤深度的增加，除了针叶林阶段土壤 pH 为逐渐降低外，其他演替阶段都表现为逐渐增加的趋势，同时各土层间都不具有显著性差异（$P>0.05$）。另外，随着植被正向演替的进展，土壤 pH 整体上发生了改变，同一层次几乎都表现为逐渐降低（表 6-1）。

表 6-1　不同演替阶段土壤 pH 及养分含量随土壤深度的变化特征

植被演替阶段	土层/cm	pH	有机质含量/（g/kg）	水解性氮含量/（g/kg）	速效磷含量/（g/kg）
灌丛	0～10	6.57a	47.75a	2.37a	6.56a
	10～20	6.64a	32.28ab	1.76ab	4.27b
	20～30	6.74a	26.39b	1.40b	3.21b
针叶林	0～10	6.06a	42.08a	2.58a	4.79a
	10～20	5.85a	34.66a	2.22a	5.34a
	20～30	5.818a	31.14a	1.97a	2.98a
针阔混交林	0～10	5.242a	66.45a	2.48a	10.37a
	10～20	5.327a	33.07b	1.38b	7.09b
	20～30	5.382a	22.02b	0.89b	3.38c

续表

植被演替阶段	土层/cm	pH	有机质含量/（g/kg）	水解性氮含量/（g/kg）	速效磷含量/（g/kg）
落叶阔叶林	0～10	5.63a	35.35a	1.78a	7.52a
	10～20	5.70a	29.25a	1.47a	5.09a
	20～30	5.68a	23.57a	1.22a	4.44a
常绿阔叶林	0～10	3.66a	68.78a	2.01a	9.76a
	10～20	3.78a	50.50a	1.32ab	7.88a
	20～30	3.81a	36.56a	0.94b	5.91a

注：同列不同小写字母表示每一植被演替阶段不同土壤深度间养分显著性差异（$P<0.05$）

6.1.2 植被不同演替阶段土壤有机质特征

由图 6-2 可见，植被不同演替阶段土壤有机质含量表现为常绿阔叶林＞针阔混交林＞灌丛＞针叶林＞落叶阔叶林，其平均值分别为 51.946g/kg、40.511g/kg、37.408g/kg、35.960g/kg 和 29.392g/kg，这和 pH 具有相反的变化趋势。经多重比较发现，植被演替中期土壤有机质没有显著性差异，演替初期的灌丛阶段与其他演替阶段存在显著性差异，演替顶期的常绿阔叶林阶段与灌丛、落叶阔叶林都存在显著性差异（$P<0.05$）（图 6-2）。总体来看，土壤有机质含量随植被演替而增加，这是由于随植被正向演替土壤凋落物逐年积累。已有研究表明，自然土壤中的有机质主要来源于植物凋落物，其性质和数量是影响有机质积累的主要因素（周印东等，2003）。但是，其中落叶阔叶林阶段土壤有机质的含量却最低，这可能与其树木年龄为成熟有关，导致其转化成土壤有机质的凋落物较少，从而其土壤有机质含量较低。

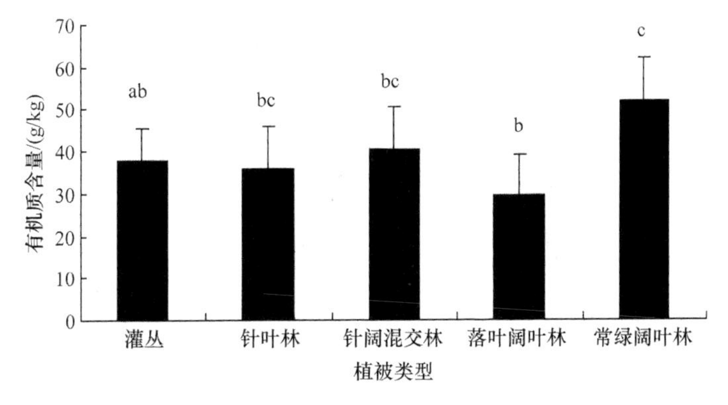

图 6-2 三峡库区植被不同演替阶段土壤有机质变化

经 LSD 多重检验，不同小写字母表示处理间差异显著（$P<0.05$）

随着土壤深度的增加，5 个演替阶段土壤有机质含量均表现为逐渐降低（表 6-1），这是由于凋落物主要在土壤表层聚集分解，表现出明显的表聚性，导致有机质含量在土壤上层大于下层。随着植被的正向演替进展，5 个演替阶段 0～10cm 土层有机质含量分别比 10～20cm 和 20～30cm 土层高出 47.92%和 80.94%、21.41%和 35.13%、100.94%和 201.77%、20.85%和 49.97%及 36.20%和 88.13%。整体而言，植被演替到顶级群落时各个土层有机质含量均有显著提高。方差分析结果表明，除了灌丛和针阔混交林外（表 6-1），其他的植被类型各自土壤有机质在不同土壤深度的含量都没有表现出显著性差异；而由整体方差发现，研究区域土壤有机质含量在不同土壤深度间具有显著性差异（F=8.051，$F_{0.05}$=2.775）。多重比较可知，0～10cm 土层分别与 10～20cm 和 20～30cm 土层有显著差异，而 10～20cm 和 20～30cm 土层间却没有显著差异，说明研究区域的土壤有机质表聚性显著，这和大部分的研究结论相一致。

6.1.3 植被不同演替阶段土壤水解性氮特征

由图 6-3 可知，三峡库区植被不同演替阶段水解性氮含量表现为针叶林＞灌丛＞针阔混交林＞落叶阔叶林＞常绿阔叶林，其平均值分别为 2.257g/kg、1.846g/kg、1.581g/kg、1.487g/kg 和 1.423g/kg。可见，除针叶林偏高外，整体随着植被正向演替进展，土壤水解性氮含量呈现逐渐降低的趋势。方差分析发现，除针叶林与其他植被演替阶段土壤水解性氮含量具有显著性差异外（P＜0.05），其他植被演替阶段间土壤水解性氮含量差异性较小（P＞0.05），尤其是针阔混交林、落叶阔叶林、常绿阔叶林阶段的水解性氮差异更小。说明演替前期，植被还给土壤的水解氮要比植被从土壤中吸收的多，而后期则相反（Aandahl，1948）。

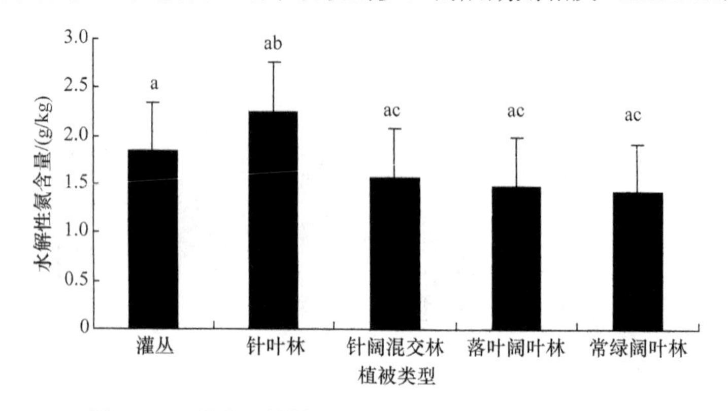

图 6-3 三峡库区植被不同演替阶段土壤水解性氮变化

经 LSD 多重检验，不同小写字母表示处理间差异显著（P＜0.05）

随着土壤深度的增加，植被不同演替阶段水解性氮含量在各个土层表现出 0～10cm＞10～20cm＞20～30cm 的趋势（表 6-1），这和有机质的变化趋势相一致。5 个演替阶段 0～10cm 土层水解性氮含量分别比 10～20cm 和 20～30cm 土层高出 34.66%和 69.29%、16.22%和 30.96%、79.71%和 178.65%、21.09%和 45.90%及 52.27%和 113.83%。方差分析结果表明，除针叶林和落叶阔叶林外，灌丛、针阔混交林和常绿阔叶林土壤水解性氮含量在垂直分布上均具有显著性差异（P＞0.05）（表 6-1）。对研究区域不同土层水解性氮含量进行整体方差分析，不同土层水解氮含量存在显著性差异（F=8.041，$F_{0.05}$=2.775）。多重比较表明，0～10cm 土层分别与 10～20cm 和 20～30cm 土层具有显著性差异（P＜0.05），而 10～20cm 和 20～30cm 土层之间却没有显著差异。

6.1.4　植被不同演替阶段土壤速效磷特征

如图 6-4 所示，植被不同演替阶段土壤速效磷含量表现为常绿阔叶林＞针阔混交林＞落叶阔叶林＞灌丛＞针叶林，其平均值分别为 7.853g/kg、6.946g/kg、5.686g/kg、4.946g/kg 和 4.37g/kg，和土壤 pH 具有相反的变化趋势。可见植被演替初期的灌丛和针叶林，其土壤速效磷的含量较低，这可能是此植被空间开阔，地表凋落物分解较快，含蓄水源的功能较差，发生降水会使得速效磷容易流失。随着植被的正向演替，森林密闭度比较高，地表凋落物逐渐增多，让更多的速效磷在土壤中续存。方差分析结果表明，演替初期的灌丛和针叶林之间，以及演替后期的针阔混交林、落叶阔叶林和常绿阔叶林之间都不存在显著性差异（P＞0.05）（图 6-4），而植被演替初期和演替后期土壤速效磷含量却具有极显著差异（P＜0.01），说明植被不同演替阶段导致土壤速效磷含量差异较大。

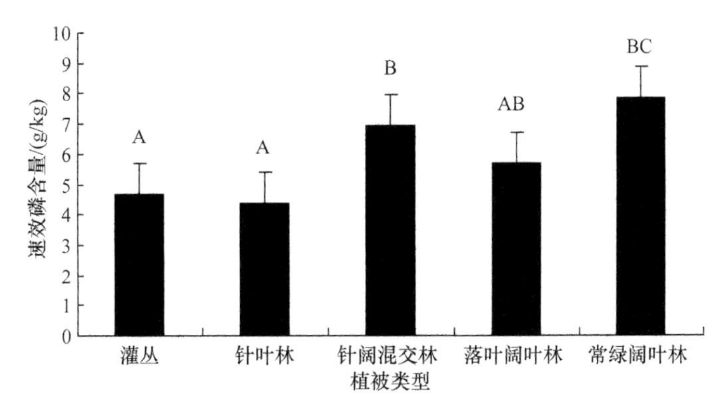

图 6-4　三峡库区植被不同演替阶段土壤速效磷变化

经 LSD 多重检验，不同大写字母表示处理间差异极显著（P＜0.01）

除针叶林土壤速效磷含量表现为 10～20cm 土层＞0～10cm 土层＞20～30cm 土层外，植被其他演替阶段土壤速效磷含量都表现为 0～10cm 土层＞10～20cm 土层＞20～30cm 土层，且 0～10 cm 土层速效磷含量分别比 10～20cm 和 20～30cm 土层高出 53.63%和 104.36%、46.26%和 206.80%、47.74%和 69.37%及 23.86%和 65.14%。方差分析结果表明，针叶林、落叶阔叶林和常绿阔叶林在各土层间速效磷含量不具有显著性差异（$P>0.05$），而灌丛和针阔混交林 0～10cm 和 20～30cm 土层间速效磷含量表现出显著性差异（$P<0.05$）（表 6-1）。对不同土层速效磷含量进行整体方差分析表明，研究区域不同土壤层次中的速效磷含量也存在较大差异（F=10.759，$F_{0.05}$=2.775），0～10cm 土层分别与 10～20cm 和 20～30cm 土层有显著差异，而后两层之间没有显著差异性，说明土壤速效磷在研究区域也同样具有明显的表聚性。

6.1.5 相关性分析

由表 6-2 可知，土壤 pH 与有机质含量、速效磷含量间具有显著负相关性（$P<0.05$），这是因为土壤磷元素有效性受土壤 pH 的强烈影响，土壤 pH 抑制了磷元素的固定作用，促进了磷元素的有效利用（曲国辉和郭继勋，2003）；有机质含量与水解性氮含量、速效磷含量间具有极显著正相关性，说明有机质含量的增加改善了土壤养分的有效性，这与宋洪涛等（2007）的研究结果一致，因为氮素的输入量主要依赖于植物残体的归还量和生物固氮，而植物凋落物的分解让植物磷元素回归土壤；水解性氮含量与速效磷含量具有极显著正相关性；植被演替进程与土壤 pH、水解性氮含量存在极显著和显著负相关性（$P<0.01$，$P<0.05$），与速效磷具有极显著正相关性（$P<0.01$）；土壤深度除了与土壤 pH 间没有显著相关性外，分别与有机质含量、水解性氮含量、速效磷含量都存在极显著负相关性。

表 6-2 三峡库区土壤养分与植被演替进程、土壤层次间的相关性分析

	pH	有机质	水解性氮	速效磷	演替进程	土壤深度
pH	1					
有机质	−0.251*	1				
水解性氮	0.066	0.722**	1			
速效磷	−0.236*	0.603**	0.408**	1		
演替进程	−0.683**	0.149	−0.207*	0.315**	1	
土壤深度	0.025	−0.394**	−0.442**	−0.448**	0.000	1

*表示 0.05 水平上显著相关；**表示 0.01 水平上极显著相关

6.1.6 讨论

植物群落的演替不但体现在种类组成和结构上，也体现在环境的改变上。土壤作为植被演替中环境的主要因子，其基本属性和特征必然影响群落演替，某一植被演替阶段的群落特征和土壤特征，是群落和土壤协同作用的结果（曲国辉和郭继勋，2003；宋洪涛等，2007）。随着三峡库区植被正向演替的进展，土壤中 pH 逐步降低，土壤呈现出酸性特征。这可能是由于植被环境向阴湿方向的变化，使得土壤中更多的微生物能够存活，微生物分解枯落物的同时释放出更多的 CO_2 和有机酸，导致其 pH 下降（Paul et al.，2001；姜培坤等，2007），说明植被演替导致了土壤的酸化程度增加。同时，土壤有机质含量呈现明显升高的趋势。这是由于随着植被正向演替的进展，植被归还土壤的凋落物逐渐增多，从而导致土壤有机质含量呈增加的趋势，这与张祖荣和古德洪（2008）的研究结果相一致。但本研究中落叶阔叶林阶段有机质含量最低，低于植被演替初期阶段，这可能是由于该区落叶阔叶林树龄较小，从而导致落叶阔叶林的有机质含量偏低。而在灌丛和针叶林阶段，灌木根系发达，密集于土壤表层，其根系的枯落物是其有机质的重要来源，导致灌丛阶段有机质含量较高（李恩香等，2004；刘艳等，2005）。同时，其林分相对较开阔，林内生境通风且透光，呈现偏阳性的环境，其林内干燥的生境加速了凋落物的矿化作用，导致此时土壤水解性氮含量增加。随着植被正向演替，森林郁闭度逐渐增加，植被对土壤中营养的利用率大，使水解性氮含量呈现降低的趋势。土壤速效磷含量总体上随植被演替进展而表现出增加的趋势，反映了演替后期植被对土壤中磷元素的吸收和归还状况更加良好（张鼎华和范少辉，2002；肖鹏飞等，2005）。

随着土壤深度的增加，不同植被演替阶段土壤 pH 不具有规律性变化，而土壤有机质、水解性氮、速效磷都体现出了明显的表聚性。这是因为有机质和水解性氮一般都是形成有机大分子组成，在土壤中多以难溶性或固定性形态存在（韩兴国等，1999），而磷元素属于矿质营养，速效磷容易被土壤颗粒吸附或生成难溶性的磷酸盐（熊汉锋和王运华，2005），这都导致土壤营养元素垂直移动速度较慢，土壤上层含量较下层高，产生了明显的表聚性现象。

总体而言，随着三峡库区植被正向演替，土壤 pH 逐渐降低，枯落物增多且分解速度变慢，土壤养分含量增加，土壤化学性质得到极大的改善。但从中也可发现，落叶阔叶林阶段土壤养分略有降低，应加强此区域此阶段植被的管理和保护。因此，在以往基础上，应该加强对林分内凋落物的保护，这对林分未来更好地生长将会起到很好的作用。

6.2 三峡库区柏木林带状改造对土壤理化性质的影响

本研究选择长江中上游云阳柏木人工林，应用带状改造技术，通过对比研究，比较不同带宽改造后对土壤容重、孔隙状况及持水性能等方面的影响，对柏木人工林恢复、健康经营评价做一些初步探讨。

云阳柏木人工林改造的主要目的是改善林分结构、提高林分生物多样性、改善土壤结构、提高林分抵抗外界干扰的能力（主要针对病虫害的抵抗能力）。通过6m、15～20m 带宽的改造（以下简称 20m），人为引入阔叶树种，增加林分生物多样性，达到改善土壤性状的目的。

6.2.1 带状改造对土壤容重的影响

土壤容重是反应土壤物理性质的重要参数，土壤容重越小，孔隙越大，通气性能越好，蓄水功能越高，说明土壤发育良好，利于水分的保持与渗透，间接影响土壤肥力状况。

由图 6-5 可以看出，云阳柏木人工林带状改造后，不同带宽改造对土壤容重影响的不同。6m 带宽和 20m 带宽在改造后容重均有所降低，6m 带宽改造土层 20～40cm 和 0～20cm 分别降低了 3.3%、7.4%（$P>0.05$），20m 带宽改造土层 20～40cm 和 0～20cm 分别降低了 12.5%、0.6%（$P>0.05$），但未达到显著水平。从分析结果可以看出，不同带宽改造对土壤容重的影响不同，在改造短时间内，土层深度

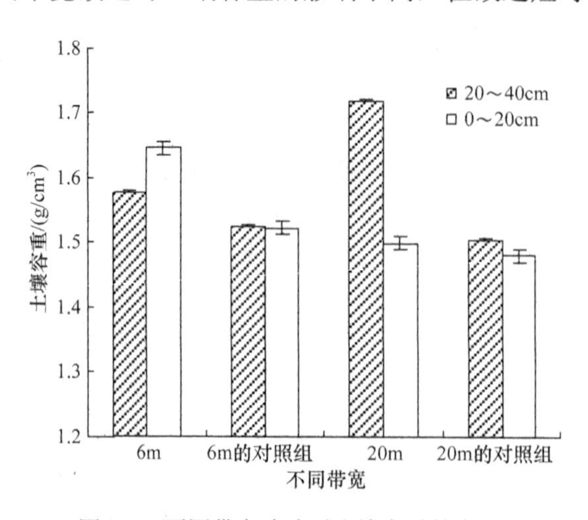

图 6-5 不同带宽改造后土壤容重的变化

20～40cm 的土壤容重降低的幅度 20m 带宽改造要高于 6m 带宽改造，而土层 0～20cm，土壤容重降低的幅度 6m 带宽改造要高于 20m 带宽改造。

6.2.2　带状改造对土壤孔隙度的影响

毛管孔隙度越大，土壤中有效水的贮存容量越大，可供树木根系利用的有效水分的比例就会增加（王金叶等，2005）。非毛管孔隙度越大的林分，其土壤通透性越好，有利于降水的下渗，从而减少地表径流（张学龙等，1998；牛云等，2002）。毛管孔隙与非毛管孔隙之比能反应土壤孔隙度的搭配情况，是反应土壤孔隙状况的一项重要指标（庞学勇等，2003）。柏木人工林改造措施实施后，不同带宽的改造林地土层孔隙度均有不同程度的改变。从表 6-3 可以看出，柏木人工林带状改造后，6m 改造带 0～20cm 和 20～40cm 土层土壤总孔隙度分别提高 4.7%、1.6%，20m 改造带 0～20cm 土层土壤总孔隙度提高 23.4%（$P<0.05$），而 20～40cm 土层土壤总孔隙度比对照降低了 29.4%，20m 带宽改造不同土层土壤孔隙度的差异，可能是由研究区域土层较薄，上层由于草本的侵入，孔隙度显著提高，而 20～40cm 土层则受基岩的影响而下降。

表 6-3　带状改造对林地土壤孔隙状况的影响

不同改造措施	土层深度/cm	总孔隙度/%		毛管孔隙/%		非毛管孔隙/%		毛管/非毛管
		平均值	标准差	平均值	标准差	平均值	标准差	
6m 改造	0～20	0.425a	0.21	0.357a	2.07	0.068a	1.96	5.250
	20～40	0.385a	0.39	0.368a	1.45	0.017a	1.28	21.647
6m 对照	0～20	0.406a	3.61	0.344a	2.52	0.062a	2.93	5.548
	20～40	0.379a	2.54	0.343a	3.02	0.037a	2.46	9.270
20m 改造	0～20	0.433b	1.89	0.354b	2.07	0.079b	3.13	4.481
	20～40	0.306a	2.38	0.286a	2.43	0.020a	2.15	14.300
20m 对照	0～20	0.351b	1.96	0.339b	1.59	0.012b	2.17	28.250
	20～40	0.434a	0.93	0.387a	1.13	0.047a	0.94	8.234

注：同列不同小写字母表示处理间差异显著，$P<0.05$

不同带宽的带状改造从不同程度上提高了土壤的孔隙度，改善了土壤结构，增加了土壤通透性能，对于促进柏木生长、提高柏木养分吸收和运输起到积极作用，在两种带宽改造试验中，以 20m 带宽 0～20cm 土层的效果最明显。

6.2.3 带状改造对土壤有机质及 pH 的影响

土壤有机质是土壤质量和健康的重要指标，对维持土壤生产力具有重要作用（Ting，2002）。林分改造后，改造林地的水、热条件都有利于凋落物层的分解，有利于有机质的矿化作用，采伐后枯枝落叶层有机质向下淋溶，如果增加的养分不能及时被植物吸收和利用，在淋溶作用和地表冲刷作用下，土壤有机质可能低于原来的水平，因此导致 6m 带宽改造后土壤有机质含量不仅没有增加，反而在 0～20cm 和 20～40cm 土层比对照分别降低了 21.0%、2.0%，两个土层降低幅度的差异进一步证实了淋溶和冲刷导致的有机质的减少。而 20m 带宽改造后灌木、草本的大量侵入，没有强烈的淋溶和冲刷，使土壤有机质含量有一定程度的提高，同时 20m 带宽改造后，水热条件有利于凋落物的分解及有机质的矿化作用，初期（2～3 年）土壤养分有一定程度的增加，这些增加的养分是由不能及时被植物吸收利用导致的。0～20cm 和 20～40cm 土层比对照分别提高了 15.0%、28.4%（表 6-4）。

表 6-4 不同带宽改造措施不同土层土壤有机质和 pH 分析

不同改造措施	土层深度/cm	有机质/（g/kg）	pH
6m 改造	0～20	18.426b	6.9
	20～40	11.980a	7.1
6m 对照	0～20	23.326a	7.3
	20～40	12.223a	7.1
20m 改造	0～20	27.710a	7.0
	20～40	24.848b	7.3
20m 对照	0～20	24.087a	7.2
	20～40	19.349b	7.0

注：同列不同小写字母表示处理间差异显著，$P<0.05$

从表 6-4 可以看出，不同带宽改造后土壤 pH 在不同土层表现结果不同，两种改造宽度 0～20cm 土层 pH 降低，林分改造后光照增加，水、热、气等条件的变化，使粗腐殖质加速分解，产生大量酸性物质，胶体上盐基离子容易被氢离子代换而被淋溶掉，使土壤 pH 降低。而土层 20～40cm 有不同程度的提高或保持不变，可能是上层土层被代换的氢离子淋溶，导致下层土壤 pH 升高。

6.2.4 土壤全氮、全磷、全钾含量和速效氮、速效磷、速效钾含量的变化

森林的更新、生长、组成、结构等受土壤因子的影响，反过来森林的更新和

生长也能影响土壤因子，因此可通过土壤理化性质的变化，来反映人工林改造的效果。土壤氮、磷、钾含量是衡量土壤营养元素供应状况的重要指标，土壤氮、磷、钾含量的变化主要取决于不同植被有机质的积累和分解作用的相对强度。从表 6-5 可以看出，不同带宽改造对土壤全氮、全磷、全钾及土壤速效氮、速效磷、速效钾的影响不同，6m 带宽改造使 0～20cm、20～40cm 土层速效氮增加，20～40cm 土层速效氮含量几乎增加 1 倍，增长了 32.779mg/kg。可能与侵入植物的种类有关，侵入植物固氮作用增加了土壤氮素的含量。速效磷、速效钾不同土层也都有一定程度的增加。20m 带宽改造后除速效磷、全氮不同土层的含量降低外，速效氮、速效钾、全磷、全钾含量有不同程度的提高。不同带宽改造对土壤不同土层速效氮、速效磷、速效钾等养分与全氮、全磷、全钾的含量变化存在不一致的现象，可能是由于改造带宽的不同，影响改造后灌木、草本的侵入，影响了土壤有机质的积累和分解。

表 6-5　不同带宽改造措施不同土层土壤速效养分的变化

不同改造措施	土层深度/cm	速效氮/（mg/kg）	速效磷/（mg/kg）	速效钾/（mg/kg）	全氮/（mg/kg）	全磷/（mg/kg）	全钾/（mg/kg）
6m 改造	0～20	72.751	20.965	57.518	0.872	0.513	12.165
	20～40	90.872	20.884	60.552	0.263	0.517	10.382
6m 对照	0～20	65.928	19.893	62.729	0.820	0.429	10.221
	20～40	58.093	19.215	59.343	0.568	0.518	11.093
20m 改造	0～20	102.491	22.985	120.112	0.775	0.617	14.906
	20～40	58.211	22.914	107.081	0.810	0.686	16.865
20m 对照	0～20	76.427	23.717	92.514	0.854	0.591	12.880
	20～40	57.597	24.960	81.117	0.831	0.565	14.016

6.2.5　讨论

云阳地处三峡库区中部，三峡库区是我国水土流失敏感区域，也是我国重要的水源区（王鹏程等，2007），开展主要森林植被和森林经营模式对土壤性质的影响研究可为生态工程建设提供科学依据。森林植被在森林土壤成土过程中发挥着重要作用，森林植被的改变，可以影响土壤有机质的含量，改变土壤动物和微生物的活动，从而影响土壤的孔隙状况和土壤渗透速度。不同植被类型下森林土壤存在理化性质的差异（王鹏程等，2007），而且人类各种生产活动在不同程度地影响着土壤发育过程。

森林土壤营养物质的积累与群落自身的发育特征有直接的关系，林分改造后由于林地光照充足，地表温度升高，凋落物及改造留下的剩余物迅速分解，土壤微生物数量增加，酶活性增强（周莉等，2004），必然导致土壤养分循环速率的提高，而在本试验中带宽处理的不同，使林分环境的变化产生差异，从而产生不同带宽对土壤物理、化学性质影响的不同。

林分改造改善了土壤空间结构，使土壤的孔隙度增大，容重减小，从而使呼吸作用、含水量及生活力增强，肥力增加，良好的土壤结构和肥力为植被的生长发育提供了适宜的生长环境，森林植被与土壤性质相互影响、相互依赖。

采伐后，尤其在采伐 2 年后土壤供肥保肥能力较强，释放养分供给植物生长的能力也增强（康玲玲等，2003）。因此本研究选择带状改造后第 3 年的土壤数据进行分析，结果表明，不同带宽改造对土壤理化性质的影响不同，带状改造改善了土壤结构，增加了土壤通透性能，对于促进柏木生长，提高柏木养分吸收和运输起到积极作用，对于土壤容重和孔隙度，通过以上分析，对于改造后土壤理化性质的改善，20m 带宽改造结果总体上要好于 6m 带宽改造。不同带宽改造氮、磷、钾含量产生的差异可能是由于改造后植物侵入的种类的差异导致的。

柏木林分改造的目的是通过引入阔叶树种，改善土壤结构、提高林分生物多样性、改善柏木纯林抵抗外界干扰的能力，本研究的分析可对其他林分改造从土壤理化性质的改变角度提供借鉴，可以根据土壤自身的结构特征，合理调整林分结构，改善和提高土壤理化性质，从而提高林分生产力。

6.3 不同树种改造对土壤理化性质的影响

云阳为长江中上游库周绿化重要地区，沿江两岸的柏木人工林绿化带，为保护生态环境发挥着重要的作用。20 世纪中期以来进行的大量人工造林，随着前期人工林年龄的增长，林分的一些弊端，如生物多样性低、结构简单、易发生病虫害、抗干扰能力差、森林生态功能低等逐渐凸显出来。该地区大面积柏木人工林，为新中国成立初期人工造林，由于造林密度大，且为人工纯林，近年来病虫害发生严重，不仅严重影响了柏木自身的生长，且对森林防护作用的发挥产生影响。

林分改造的主要理论基础是潜在顶级植被和演替理论。Clements 认为群落演替意味着物种以一定的顺序成批出现和消失，后面种的出现必须以前期种对群落环境的改变为基础，直至达到顶级（climax）。目前森林植被的恢复主要有两条途径：一是自然恢复；二是人工造林（蔡锡安等，2005），自然恢复速率缓慢，因此，人工造林成为森林植被恢复的主要手段。林分改造的实质是人们按照森林演替的规律，人为地对现有林分进行结构和功能的改造，以促进群落的演替。

本研究主要通过林分改造，引入阔叶树种，形成混交林，混交林可以充分利用地力，培肥林地土壤，改善生态环境，提高林分稳定性。对人工植被的改造特别是人工纯林的改造，是近年来林业部门迫切需要解决的课题。而当前能够提供的林分改造模式和树种选择的理论依据经验比较贫乏（庄雪影和 Corlett，2000）。如何提高低效林的生态服务功能是全球性生态问题，开展云阳柏木人工林改造，是切实提高该地区人工林生态服务功能的关键，也是建设“长江上游生态屏障”的重要组成部分，同时也为“十一五”国家科技支撑“三峡库区景观生态防护林体系构建”提供技术支持。

本研究选择长江中上游云阳柏木人工林，应用带状改造技术，引进阔叶树种，选择适宜的混交林树种可以增加生物多样性和群落结构层次，对提高针叶林生态系统的稳定性和维持林地生产力具有重要意义（Linacre Rojas and Lavaniegos Espejo，2002）比较不同树种改造后对土壤容重、孔隙状况及土壤营养成分等方面的影响，为柏木人工林恢复、健康经营评价提供科技支撑。

6.3.1　不同树种改造对土壤容重的影响

土壤容重是反应土壤物理性质的重要参数，许多研究发现，不同植被类型对土壤容重有明显影响（杨金艳和王传宽，2005；Davis，2002；曾永年等，2004），且植被对土壤容重的影响会作用于土壤有机碳的含量（陈亮中等，2007），进而影响植被对土壤养分的吸收和利用。

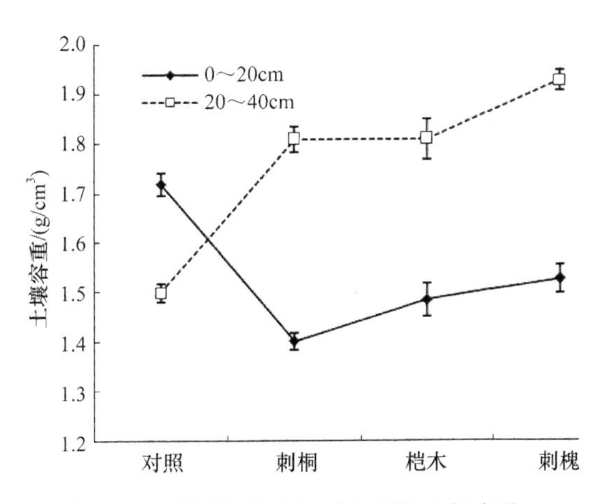

图 6-6　不同树种改造后土壤容重的变化

由图 6-6 可以看出，云阳柏木人工林带状改造后，不同树种改造对不同土层土壤容重的影响不同。在 0～20cm 土层不同树种改造后土壤容重都有不同程度的降低，刺桐降低幅度最大，比对照降低了 18.5%，而 20～40cm 土层则土壤容重都有增长，以刺槐增长幅度最大，为 28.6%，不同土层之间差异显著（$P<0.05$），说明不同树种改造对不同土层的影响存在差异，改造后 3 年 0～20cm 土层的土壤容重有显著降低，这可能是由于改造后光照增强，草本大量侵入，对上层土壤有明显改善。

6.3.2 不同树种改造对土壤孔隙度的影响

柏木人工林改造措施实施后，不同树种的改造林地土层孔隙度均有不同程度的改变。从表 6-6 可以看出。在 0～20cm 土层，除桤木和刺槐改造后土壤毛管孔隙度降低外，不同树种改造后非毛管孔隙度、毛管孔隙度和土壤总孔隙度均有所提高，土壤总孔隙度刺桐、桤木和刺槐分别提高了 0.119、0.012 和 0.072，以刺桐提高幅度最大。20～40cm 土层三者孔隙度都降低，土壤总孔隙度刺桐、桤木和刺槐分别降低了 0.116、0.116 和 0.161，刺桐和桤木降低幅度最小。因此不同树种改造在 0～20cm 土层提高了土壤总孔隙度，而在 20～40cm 土层土壤孔隙度降低，从土壤孔隙度的角度来看，刺桐树种改造效果最好。

表 6-6 不同树种改造后土壤孔隙度的变化（单位：cm^3/cm^3）

不同改造树种	土层深度/cm	土壤总孔隙度	土壤总孔隙度变化	土壤毛管孔隙度	土壤毛管孔隙度变化	非毛管孔隙度	非毛管孔隙度变化
对照	0～20	0.352±0.004		0.340±0.003		0.012±0.000	
	20～40	0.434±0.002		0.387±0.012		0.047±0.001	
刺桐	0～20	0.471±0.011	0.119	0.375±0.022	0.035	0.096±0.005	0.084
	20～40	0.318±0.021	–0.116	0.305±0003	–0.082	0.013±0.012	–0.034
桤木	0～20	0.364±0.016	0.012	0.326±0.024	–0.014	0.038±0.011	0.026
	20～40	0.318±0.009	–0.116	0.297±0.025	–0.090	0.020±0.025	–0.027
刺槐	0～20	0.424±0.013	0.072	0.338±0.006	–0.002	0.086±0.020	0.074
	20～40	0.273±0.026	–0.161	0.236±0.019	–0.151	0.037±0.014	–0.010

6.3.3 不同树种改造对土壤有机质及 pH 的影响

林分改造后，凋落物层的分解、有机质的矿化作用都与改造林地的水、热条件呈正相关。采伐后枯枝落叶层有机质向下淋溶，若增加的养分不能及时被植物吸收和利用，在淋溶作用和地表冲刷作用下，土壤有机质可能低于原来的水平，因此导致桤木、刺槐改造后 0～20cm 土层土壤有机质含量不仅没有增加，反而比对照降低了 45.6%($P<0.05$)、10.5%，刺桐改造后有机质含量比对照增加了 16.9%，这可能是由于刺桐林下大量草本、灌木快速侵入，没有强烈的淋溶和冲刷，使土壤有机质含量有一定程度的提高（表 6-7）。改造后树种不同，产生的凋落物不同，不同凋落叶分解和养分释放速率不同（徐秋芳和桂祖云，1998），导致其对林地土壤有机质的影响也不同。20～40cm 土层的结果大致相反。

表 6-7 不同树种改造措施土壤有机质和 pH 分析

不同改造树种	土层深度/cm	有机质/（g/kg）	pH
对照	0～20	27.710±1.270	7.035
	20～40	24.848±0.926	7.273
刺桐	0～20	32.406±1.471	7.105
	20～40	17.854±0.025	7.005
桤木	0～20	15.063±0.130*	7.330
	20～40	13.154±0.850*	6.960
刺槐	0～20	24.794±1.833	7.170
	20～40	27.039±2.381	7.050

*不同树种改造的土壤养分水平差异显著，$P<0.05$

从表 6-7 可以看出，不同树种改造后 0～20cm 土层土壤 pH 都有不同程度的提高，凋落物的分解对土壤 pH 的变化有一定影响，土壤 pH 增加，缓解了土壤酸化，其机理可能是凋落物增加了土壤有机质，提高了土壤和下渗液的盐基量，降低了土壤水解性总酸度，从而提高了土壤 pH，这与徐秋芳和桂祖云（1998）等的研究结果一致。而 20～40cm 土层土壤 pH 的变化与 0～20cm 土层恰好相反，刺桐、桤木和刺槐改造后比对照土壤 pH 有不同程度的降低，说明上层土壤酸化比下层慢，下层土壤有机质增加比上层也慢，对土壤水解性总酸度的影响小，3 年后下层土壤 pH 是否会提高，有待于试验的进一步观察和分析。

6.3.4 土壤全氮、全磷、全钾含量和速效氮、速效磷、速效钾含量的变化

森林的更新、生长、组成、结构等与土壤因子的互相影响，故可通过土壤理化性质的变化，来反映人工林改造的效果。柏木人工林改造，人为引入阔叶树种，使林分凋落物的组成发生改变，凋落物的类型、化学组成、矿化速率及腐殖化条件等在一定程度上制约着森林土壤的主要理化性质。以往的研究表明，不同林木

凋落叶下土壤的养分组成、腐殖质性质、酸碱状况及微生物的活动行为存在明显的差异（徐秋芳和桂祖云，1998），土壤氮、磷、钾含量是衡量土壤营养元素供应状况的重要指标，土壤氮、磷、钾含量的变化主要取决于不同植被有机质的积累和分解作用的相对强度。

从表 6-8 可知，不同树种改造对土壤全氮、全磷、全钾及土壤速效氮、速效磷、速效钾的影响不同，其中不同树种改造对土壤不同土层全氮大部分都有提高，刺桐改造 0～20cm 土层土壤全氮含量增加显著，贾黎明等对杨树、刺槐混交林养分状况研究也表现出相似的结果。阔叶树凋落物分解过程中所形成的腐殖质能明显增加土壤阳离子交换量，所释放的有机酸加速土壤矿物的风化，分解的最终产物是森林植被的主要矿质养分来源（申卫军等，2001）。而相同树种改造速效氮和全氮含量变化的差异可能与土壤微生物有关，微生物是土壤氮转化的动力（黄刚等，2007）。同时混交林可以提高固氮效率，增加土壤的氮素含量，尤其能改善速效氮应该，加速土壤养分的矿化（翟明普等，1997）。桤木改造带除全氮含量在 20～40cm 土层有所增加外，全磷、全钾、速效氮、速效磷和速效钾都有所降低，因此桤木在云阳柏木改造中需要慎重考虑。刺槐改造不同土层的土壤养分含量差别较大，可以根据土质情况在适当条件下选择。

表 6-8　不同树种改造土壤养分的变化

不同改造树种	土层深度/cm	全氮/(g/kg)	全磷/(g/kg)	全钾/(g/kg)	速效氮/(mg/kg)	速效磷/(mg/kg)	速效钾/(mg/kg)
对照	0～20	0.775	0.617	14.906	102.491	22.985	120.112
	20～40	0.810	0.686	16.865	83.211	22.914	107.081
刺桐	0～20	1.092*	0.513	15.150	107.972	25.895	106.764
	20～40	0.823	0.539	17.775	55.906*	22.120	62.007*
桤木	0～20	0.696	0.630	6.632*	40.433*	24.990	92.948
	20～40	0.865	0.559	9.296*	31.762*	21.793	75.607*
刺槐	0～20	0.774	0.630	17.855	80.876	20.265	77.830*
	20～40	0.803	0.597	14.976	85.122	20.968	105.737

*不同树种改造的土壤养分水平差异显著，$P<0.05$

6.3.5　讨论

森林土壤营养物质的积累与群落自身的发育特征有直接的关系，林分改造后由于林地光照充足，地表温度升高，凋落物及改造留下的剩余物迅速分解，土壤微生物数量增加，酶活性增强（周莉等，2004），必然导致土壤养分循环速率的提高，而在本试验中改造树种的不同，使林分环境的变化产生差异，从而产生不同树种对土壤物理、化学性质影响的不同。

林分改造改善了土壤空间结构，使土壤的孔隙度增大，容重减小，从而使呼吸作用、含水量及生活力增强，肥力增加，良好的土壤结构和肥力为植被的生长发育提供了适宜的生长环境，森林植被与土壤性质相互影响、相互依赖。

采伐后，尤其在采伐 2 年后土壤供肥保肥能力较强，释放养分供给植物生长的能力也增强（康玲玲等，2003）。因此本研究选择带状改造后第 3 年的土壤数据进行分析，云阳柏木人工林带状改造后，不同树种改造对不同土层土壤容重的影响不同，但土壤容重都有不同程度的提高，以刺槐提高幅度最大。从土壤总孔隙度的角度来看，不同树种改造在 0～20cm 土层提高了土壤总孔隙度，以刺桐提高最为明显，而在 20～40cm 土层土壤孔隙度降低，以刺槐降低的程度最高。

不同树种改造对土壤有机质的影响，不同土层没有表现出显著的不一致现象，但不同树种间产生显著差异，以桤木最为显著，土壤有机质不仅没有提高，反而显著降低，刺槐和刺桐在不同土层则有不同程度的提高。

不同树种改造对土壤不同土层全氮大部分都有提高，刺桐改造 0～20cm 土层土壤全氮含量增加显著，桤木改造除全氮含量在 20～40cm 土层有所增加外，全磷、全钾、速效氮、速效磷和速效钾都有所降低，因此桤木在云阳柏木改造中需要慎重考虑。

6.4　三峡库区茶园土壤养分

研究区为一块茶园小坡面，为兰陵溪流域中支流——黑沟小流域一侧极小的一部分，位于海拔 500m 下小流域两旁，主要以茶园梯田等生态林为主。2000 年，退耕还林工程实施，坡面土地利用类型从原来的农用地（栽植方式为水稻和油菜、小麦轮作）改为生态经济林，以茶、板栗和柑橘等为主。茶园坡面地处 110°54′50″E，30°51′34″N，坡度 25°～30°，海拔 200～400m，土壤类型为沙壤和壤土。目前，茶园年增收效益为 5000 元/亩，茶园施肥方式见表 6-9。

表 6-9　茶园施肥概况

施肥时间	肥料类型	施肥量/（kg/亩）	肥料价格
农历正月，采春茶之前 10 天左右	尿素	150	83 元/50kg
清明前后	尿素	100	83 元/50kg
5～6 月，采夏茶之前	尿素	100	83 元/50kg
11～12 月	碳铵、复合肥	300	碳铵 33 元/50kg、复合肥 130 元/50kg

6.4.1 茶园坡面土壤养分水平分布特征

因土壤养分自身性质、人为干扰及水土流失等多种因素的影响，不同养分水平分布规律差异很大。下面将从土壤磷素、有机质、氮素及 pH 等方面一一分析，为避免重复与繁琐，从坡顶到坡底将坡面 12 条带划分为 3 个部位，即上坡位、中坡位和下坡位；截取土壤垂直分布 6 层中的 3 层，分别为 0～5cm、5～10cm 和 40～60cm，记做 1、2、6，进行重点分析（表 6-10）。

表 6-10 土壤养分不同坡位不同土层水平分布

土壤养分	土壤层次	坡位	样本数	均值±标准误/（g/kg）	标准差	变异系数（CV）/%	5%显著水平
有效磷	1	上坡位	32	86.680±3.724	21.068	24.305	a
		中坡位	32	51.602±2.373	13.425	26.016	b
		下坡位	31	31.634±1.154	6.425	20.310	c
	2	上坡位	32	81.649±5.189	29.353	35.950	a
		中坡位	31	46.845±2.380	13.250	28.286	b
		下坡位	32	30.414±1.079	6.104	20.069	c
	6	上坡位	29	60.675±2.838	15.283	25.189	a
		中坡位	32	41.986±1.577	8.922	21.249	b
		下坡位	32	25.702±0.918	5.194	20.208	c
全磷	1	上坡位	24	0.915±0.047	0.228	24.941	a
		中坡位	24	0.708±0.019	0.094	13.248	b
		下坡位	32	0.670±0.015	0.082	12.253	b
	2	上坡位	24	0.919±0.048	0.236	25.715	a
		中坡位	24	0.697±0.019	0.093	13.315	b
		下坡位	32	0.663±0.014	0.077	11.614	b
	6	上坡位	24	0.830±0.053	0.258	31.131	a
		中坡位	23	0.616±0.015	0.071	11.609	b
		下坡位	31	0.522±0.010	0.055	10.565	c
有机质	1	下坡位	24	49.501±2.573	12.603	25.459	a
		中坡位	16	37.602±3.945	15.782	41.971	b
		上坡位	23	28.126±2.227	10.680	37.972	c
	2	下坡位	24	44.314±2.917	14.290	32.247	a
		中坡位	16	38.567±4.574	18.297	47.442	a
		上坡位	23	29.561±2.104	10.091	34.135	b
	6	下坡位	24	34.967±2.948	14.444	41.307	a
		中坡位	15	21.616±2.748	10.642	49.230	b
		上坡位	24	16.542±2.936	14.385	86.963	b
全氮	6	下坡位	24	0.783±0.019	0.095	12.161	a
		中坡位	24	0.663±0.018	0.086	13.041	b
		上坡位	32	0.527±0.029	0.166	31.451	c

注：①不同小写字母表示在 0.05 显著水平下差异显著；②表中 1、2、6 分别代表 0～5cm、5～10cm、40～60cm 土层

1. 土壤磷素不同坡位水平分布

不同土壤层次全磷含量的变异系数表现为上坡位＞中坡位＞下坡位，坡上变异幅度较坡下大，且含量表现为上坡位＞中坡位＞下坡位。在第 1、2 两层，养分含量上坡位与中、下坡位差异显著，中、下坡位无显著差异；第 6 层，土壤养分含量不同坡位均差异显著。土壤磷自身特性导致磷在土壤中很难移动，磷的分布可能受地形、母质、气候及人为因素的影响较大。由于属于同一块茶园小坡面，母质、气候等可以认为是相同的，磷素分布不均，可能与微地形的变化有关，导致从坡顶到坡底出现依次降低的趋势。

土壤有效磷与全磷有相同的变化趋势，变异系数表现为上坡位＞中坡位＞下坡位，坡上变异幅度较坡下大，不同坡位养分含量也出现上坡位＞中坡位＞下坡位。各层中，不同坡位养分含量均差异显著，有效磷较全磷变化更大。作为全磷中的一部分，可供植物直接吸收利用的有效磷，在坡面上的分布也在很大程度上与其自身的性质有关，磷在土壤中的移动性很小，随淋溶淋失的量也极微，所以，在耕地土壤中，有效磷含量可能主要与土壤的磷素收支状况有关（刘杏梅，2005）。土壤养分流失也可能是速效养分空间异质性的一个重要影响因素。磷素在土壤中存在较稳定，不易流失，土壤母质和地形是主要影响因子。

土壤全磷、有效磷在坡面上的分布，一般认为是坡面流失、坡底富集，即养分在侵蚀和淋溶的作用下，表现为向坡下转移的现象（郭胜利等，2003；史志民，2007；陈晓燕，2009）。本研究结果与上面的研究呈现相反的现象，但与曾立雄（2010）的研究相符。这可能与不同土地利用类型等有关，前面是基于坡耕地的研究结果，与茶园出现明显的差异，具体机理尚待进一步研究。

2. 土壤有机质不同坡位水平分布

土壤有机质含量在不同坡位的变化与磷素出现相反趋势，即下坡位＞中坡位＞上坡位。第 1 层，各坡位差异显著；第 2 层，上坡位与中、下坡位差异显著，中、下坡位则无显著差异；第 6 层，下坡位与上、中坡位差异显著，上、中坡位无显著差异。有机质含量表现为坡顶流失、坡底富集的现象，与前人研究结果一致（郭胜利等，2003；陈晓燕，2009；曾立雄，2010）。同时，又有研究结果表明，在黄土半干旱山地坡面位置，植被恢复区有机质整体上含量为坡上中部高于坡下部，荒山则呈现相反趋势（曹靖等，2009）。这在一定程度上说明，不同土地利用类型，地上植被类型及地形地势等因素对土壤养分分布有一定影响。

3. 土壤氮素不同坡位水平分布

全氮表层受人为干扰很严重，分布不均，无明显规律，底层则出现明显富集作用，与有机质变化一致，即下坡位＞中坡位＞上坡位，且坡面各坡位分布差异显著。速效养分（NH_4^+-N 与 NO_3^--N）在坡面分布变异很大，无明显规律，一般为表层和底层的养分含量为坡底降低，坡顶、坡面分布不均。研究区域为茶园，因人为施肥等因素影响，速效养分变化很容易受到干扰，不能真正反映出养分分布一般规律。

4. 土壤 pH 不同坡位水平分布

土壤 pH 变化较稳定，均值主要在 4.5～6.0，符合茶园生长需求。坡面分布规律不明显，且不同坡位分布无显著差异。pH 变化与人为因素如施肥、耕作等管理措施有关，也与土壤自身特性及降水等因素有关。在小尺度范围内，不考虑自然条件等因素，人为因素占主导作用，由于施肥、耕作等不均，pH 的分布也不均，表现出很大的随机性。

6.4.2 茶园坡面土壤养分垂直分布特征

1. 土壤磷素不同坡位垂直分布

为便于分析，将茶园坡面 12 条带分为三组，1、2、3、4，5、6、7、8 和 9、10、11、12 各为一组，分别为上坡位、中坡位和下坡位。土壤 0～5cm、5～10cm、10～20cm、20～30cm、30～40cm 和 40～60cm 在下文分别以 1、2、3、4、5 和 6 代替。土壤磷素不同坡位垂直分布见图 6-7。

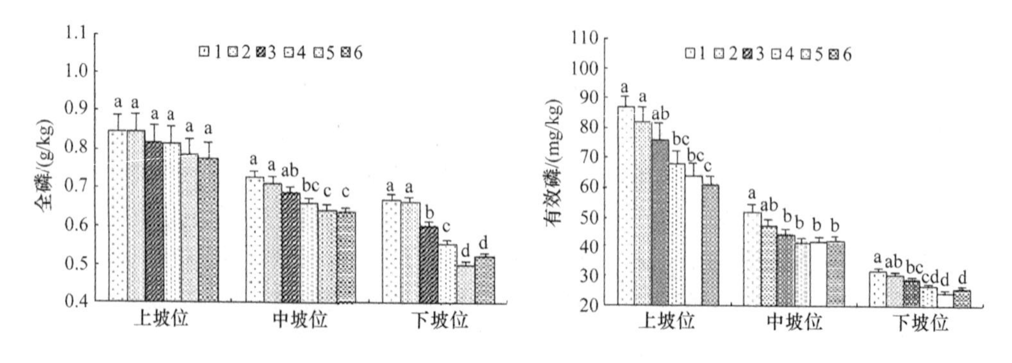

图 6-7　土壤磷素不同坡位垂直分布方差分析

不同小写字母表示在 0.05 水平上差异显著

土壤全磷含量在不同坡位均呈表层到底层依次降低的趋势：上坡位表现为倒“V”形，在第 2 层达到最大，1、2 层有些变化，但 6 层均不显著；中坡位 1、2、3 和 3、4 及 4、5、6 各层变化不显著，其余均达到显著水平；下坡位则为“V”形，在第 5 层到达最低值，5、6 层分布有些变化，表现为 1、2 和 6、5 各层无显著差异，其余差异均显著。

土壤有效磷含量在上坡位表现为 1、2、3 和 3、4、5 及 4、5、6 各层差异不显著，其余差异均达到显著水平；中坡位变化曲线为“V”形，在第 4 层达到最低，1、2 层差异不显著，3、6、5、4 层差异也不显著，但 1 层和 3、6、5、4 层差异显著；下坡位与中坡位相似，也为“V”形，而最低值则在第 5 层，1、2，2、3 和 3、4 及 4、6、5 各层差异不显著，其余均达到显著水平。

土壤全磷整体呈逐渐递减规律，随着坡位降低，土壤各层差异性逐渐变大，且依次达到显著水平，即从坡顶到坡底土壤全磷含量各层变化逐渐加大。土壤有效磷在下坡位与全磷变化趋势一致，而中坡位 4、5、6 层与上坡位变化相反，且中坡位变化较上坡位和下坡位变化更稳定，较为平缓。

2. 土壤有机质不同坡位垂直分布

土壤有机质含量在上坡位表现为 1、2 和 3、5、4、6 各层差异不显著，其余差异均达到显著水平，即表层（0～10cm）和底层（10～60cm）差异显著，各层之间，在第 4 层达到最低，其余均呈逐渐递减趋势，即表现为反“N”形；中坡位表现为 1、2、4、3 和 4、3、6、5 各层差异不显著，其余均达到显著水平，从表层到底层变化为“W”形；下坡位 1、2 和 3、4、6 及 4、6、5 各层差异不显著，其余均达到显著水平，各层变化为反“J”形（图 6-8）。在整个坡面上，从坡上到坡下，养分有明显的增加。

3. 土壤氮素不同坡位垂直分布

土壤全氮在不同坡位垂直分布上均呈现随着深度的加深，含量逐渐降低的趋势。在上坡位，1、2 和 4、5、6 各层差异不显著，其余各层差异均显著；在中坡位，4、5 和 5、6 各层差异不显著，其余各层差异均显著；在下坡位，5、6 层差异不显著，其余差异均达显著水平。从坡顶到坡底，土壤全氮含量在各层分布逐渐出现显著性差异，表现为坡底养分的不均匀性，在整个坡面，土壤养分垂直分布表现为反“J”形（图 6-9）。

NH_4^+-N 在上坡位与中坡位的垂直面上分布均为“W”形锯齿状，变化层次规律一致。在上坡位，1、2、4 和 2、4、3、6、5 各层差异不显著，其余均达到显著水平；在中坡位，1、2 和 2、4、3 及 4、3、6、5 各层差异不显著，其余则差异显著；在下坡位，NH_4^+-N 含量在垂直分布上为“N”形，即在第 2 层达到最高值，在第 5 层达到最低，2、1、3、4 和 3、4、6、5 各层差异不显著，其余均达到显著水平。在整个坡面，中坡位差异变化范围较上、下坡位大，且从坡上到坡下，也表现为缓慢的降低趋势，与磷素变化趋势相近，而与全氮和有机质变化趋势则相反。

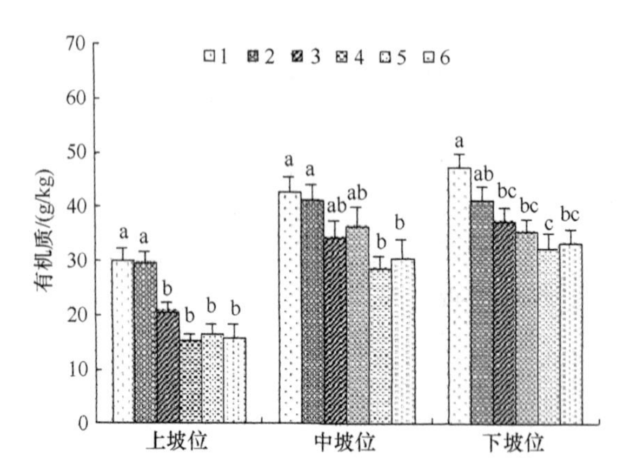

图 6-8　土壤有机质不同坡位垂直分布方差分析

不同小写字母表示在 0.05 水平上差异显著

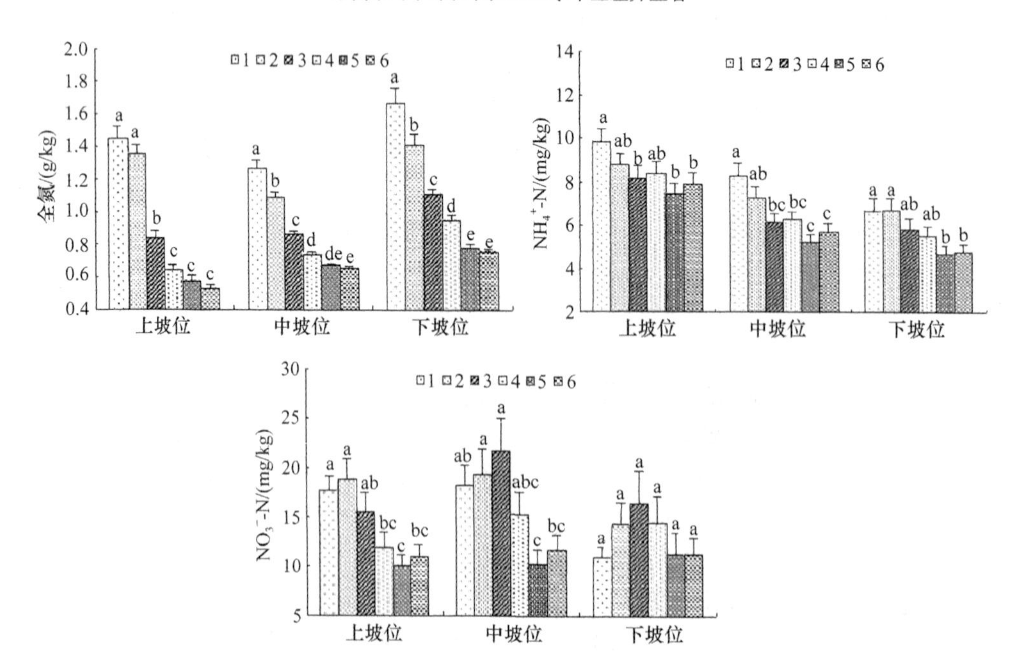

图 6-9　土壤氮素不同坡位垂直分布方差分析

不同小写字母表示在 0.05 水平上差异显著

NO_3^--N 在不同坡位分布规律不同，在上坡位呈现“N”形，在第 2 层达到最大，第 5 层降到最低，在上坡位，2、1、3 和 3、4、6 及 4、6、5 各层差异不显著，其余差异均达显著水平；中坡位也呈现“N”形，但最高值在第 3 层，最低值仍然为第 5 层，3、2、1、4 和 1、4、6 及 4、6、5 各层差异不显著，其余差异均达到显著水平；下坡位则呈现倒“V”形，在第 3 层达到最高值，且各层差异均不显著，在整个坡面没有出现明显坡面流失现象，养分分布较均匀。

4. 土壤 pH 不同坡位垂直分布

土壤 pH 在上坡位变化表现为 6＞5＞4＞3＞1＞2，6、5、4 和 3、1、2 各层差异不显著，其余差异显著；中坡位与上坡位变化趋势一致，但 6、5 和 3、1、2 各层差异不显著，其余差异显著；下坡位变化则为 6＞5＞4＞1＞3＞2，在第 2 层达到最低，6、5 和 4、1、3 及 1、3、2 各层差异不显著，其余差异显著（图 6-10）。

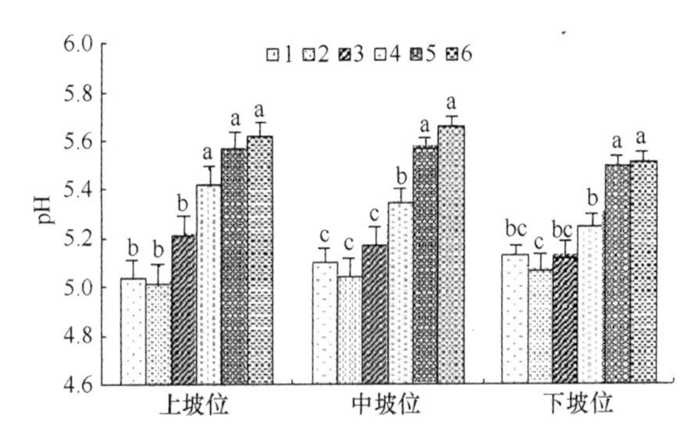

图 6-10　土壤 pH 不同坡位垂直分布方差分析

不同小写字母表示在 0.05 水平上差异显著

土壤 pH 在不同坡位有相同的变化趋势，分布均为“J”形，但第 1 层变化略有差异，其余均呈现为从表层到底层依次升高的趋势。从整个坡面来看，土壤 pH 变化较均匀，从坡顶到坡底没有明显的累积或流失现象。

6.4.3　茶园坡面土壤养分空间变异性

本研究预以磷素（全磷、有效磷）、有机质、氮素（全氮、NH_4^+-N）和 pH 为研究对象，分析其空间变异性（表 6-11）。

表 6-11　土壤养分含量统计特征值

土壤养分	土壤层次/cm	平均值	标准差	变异系数/%	最小值	最大值	样品数	偏态值	峰度值
全磷/（g/kg）	0～5	0.734	0.141	0.020	0.521	1.196	94（2）	1.11（0.25）	1.34（0.49）
	5～10	0.721	0.131	0.017	0.494	1.214	93（3）	1.19（0.25）	1.93（0.50）
	10～20	0.684	0.148	0.022	0.363	1.182	93（3）	1.17（0.25）	1.64（0.50）
	20～30	0.664	0.160	0.026	0.441	1.204	94（2）	1.47（0.25）	2.05（0.49）
	30～40	0.631	0.165	0.027	0.397	1.171	94（2）	1.24（0.25）	1.56（0.49）
	40～60	0.619	0.127	0.016	0.409	1.079	91（5）	1.07（0.25）	1.64（0.50）
速效磷/（mg/kg）	0～5	56.300	25.851	668.267	21.242	118.692	95（1）	0.56（0.25）	–0.75（0.49）
	5～10	48.152	20.436	417.647	18.887	98.360	90（6）	0.66（0.25）	–0.65（0.50）
	10～20	45.172	19.873	394.918	7.541	105.466	91（5）	0.87（0.25）	0.36（0.50）
	20～30	42.521	17.405	302.939	16.114	94.146	92（4）	0.96（0.25）	0.50（0.50）
	30～40	40.642	18.103	327.736	13.686	92.174	92（4）	0.89（0.25）	0.43（0.50）
	40～60	40.989	15.673	245.642	16.100	78.764	91（5）	0.35（0.25）	–0.97（0.50）
有机质/（g/kg）	0～5	39.921	15.374	236.367	11.735	77.778	94（2）	0.43（0.25）	–0.33（0.49）
	5～10	37.810	16.062	257.998	9.086	85.670	95（1）	0.76（0.25）	0.42（0.49）
	10～20	30.072	15.459	238.973	4.544	76.223	94（2）	1.10（0.25）	1.31（0.49）
	20～30	28.719	16.022	256.710	1.584	70.410	94（2）	0.81（0.25）	0.08（0.49）
	30～40	25.322	14.214	202.042	1.415	63.478	94（2）	0.75（0.25）	0.12（0.49）
	40～60	26.014	16.592	275.284	1.417	74.984	93（3）	0.77（0.25）	0.10（0.50）
全氮/（g/kg）	0～5	1.459	0.430	0.185	0.705	2.602	95（1）	0.75（0.25）	0.00（0.49）
	5～10	1.294	0.351	0.123	0.779	2.276	96（0）	0.89（0.25）	0.00（0.49）
	10～20	0.941	0.230	0.053	0.397	1.444	96（0）	0.03（0.25）	–0.43（0.49）
	20～30	0.784	0.203	0.041	0.322	1.301	96（0）	0.00（0.25）	–0.09（0.49）
	30～40	0.673	0.158	0.025	0.261	1.064	95（1）	–0.56（0.25）	0.80（0.49）
	40～60	0.646	0.153	0.023	0.259	0.984	96（0）	–0.57（0.25）	0.52（0.49）
NH_4^+-N/（mg/kg）	0～5	8.291	3.552	12.619	1.233	18.276	95（1）	0.33（0.25）	–0.02（0.49）
	5～10	7.583	3.037	9.221	1.267	17.026	93（3）	0.26（0.25）	–0.01（0.50）
	10～20	6.802	3.185	10.145	0.635	15.885	95（1）	0.89（0.25）	0.76（0.49）
	20～30	6.703	2.874	8.257	1.325	14.824	95（1）	0.68（0.25）	0.56（0.49）
	30～40	5.621	2.353	5.538	0.613	11.471	93（3）	0.32（0.25）	–0.03（0.50）
	40～60	6.033	2.447	5.988	0.928	13.228	94（2）	0.56（0.25）	0.71（0.49）
pH	0～5	5.09	0.36	0.13	4.37	5.83	96（0）	0.03（0.25）	–0.82（0.49）
	5～10	5.04	0.42	0.18	4.17	6.08	96（0）	0.00（0.25）	–0.64（0.49）
	10～20	5.17	0.41	0.17	4.27	6.28	96（0）	0.02（0.25）	–0.33（0.49）
	20～30	5.34	0.35	0.12	4.58	6.25	96（0）	0.11（0.25）	–0.12（0.49）
	30～40	5.54	0.29	0.09	4.86	6.36	96（0）	0.14（0.25）	0.10（0.49）
	40～60	—	—	0.28	4.92	6.36	—	—	—

注：样品数后括号中数字表示数值确实或排除；偏态值和峰度值后括号中数字表示标准误

1. 土壤养分描述性统计分析

1）土壤磷素

土壤全磷在垂直坡面上，0～5cm、5～10cm、10～20cm、20～30cm、30～40cm 和 40～60cm 养分含量范围分别为：0.521～1.196g/kg、0.494～1.214g/kg、0.363～1.182g/kg、0.441～1.204g/kg、0.397～1.171g/kg 和 0.409～1.079g/kg。从表层到底层，土壤全磷含量呈逐渐降低的趋势。变异系数分别为 0.020%、0.017%、0.022%、0.026%、0.027%和 0.016%，全磷养分含量坡面分布各层上变化幅度较小，表明全磷含量在垂直坡面上分布比较稳定。

土壤速效磷在垂直坡面上，0～5cm、5～10cm、10～20cm、20～30cm、30～40cm 和 40～60cm 养分含量范围分别为：21.242～118.692mg/kg、18.887～98.360mg/kg、7.541～105.466mg/kg、16.114～94.146mg/kg、13.686～92.174mg/kg 和 16.100～78.764mg/kg。从表层到底层，土壤速效磷含量呈逐渐降低的趋势，但 40～60cm 土层，土壤速效磷含量平均值比 30～40cm 略大。变异系数分别为 668.267%、417.647%、394.918%、302.939%、327.736%和 245.642%，变化幅度很大。

根据变异系数的划分等级，强变异 CV＞100%；中等强度变异 10%≤CV≤100%；弱变异 CV＜10%。全磷在不同土层均为弱变异，速效磷均为强变异。

2）土壤有机质

土壤有机质在垂直坡面上，0～5cm、5～10cm、10～20cm、20～30cm、30～40cm 和 40～60cm 养分含量范围分别为：11.735～77.778g/kg、9.086～85.670g/kg、4.544～76.223g/kg、1.584～70.410g/kg、1.415～63.478g/kg 和 1.417～74.984g/kg。变异系数分别为 236.367%、257.998%、238.973%、256.710%、202.042%和 275.284%，均为强变异。从表层到底层，土壤有机质含量呈逐渐降低趋势，但 40～60cm 土层，养分含量比 30～40cm 略大。

3）土壤氮素

土壤全氮在垂直坡面上，0～5cm、5～10cm、10～20cm、20～30cm、30～40cm 和 40～60cm 养分含量范围分别为：0.705～2.602g/kg、0.779～2.276g/kg、0.397～1.444g/kg、0.322～1.301g/kg、0.261～1.064g/kg 和 0.259～0.984g/kg。变异系数分别为 0.185%、0.123%、0.053%、0.041%、0.025%和 0.023%，与全磷一样，表现为弱变异。从表层到底层，土壤全氮含量呈逐渐降低的趋势。

土壤 NH_4^+-N 在垂直坡面上，0～5cm、5～10cm、10～20cm、20～30cm、30～40cm 和 40～60cm 养分含量范围分别为：1.233～18.276mg/kg、1.267～

17.026mg/kg、0.635～15.885mg/kg、1.325～14.824mg/kg、0.613～11.471mg/kg 和 0.928～13.228mg/kg。变异系数分别为 12.619%、9.221%、10.145%、8.257%、5.538% 和 5.988%，0～5cm 和 10～20cm 土层表现为中等强度变异，底层等均为弱变异。从表层到底层，土壤 NH_4^+-N 含量呈逐渐降低的趋势，但 40～60cm 土层养分含量比 30～40cm 略大，与速效磷和有机质变化趋势一致。

4）土壤 pH

土壤 pH 在垂直坡面上，0～5cm、5～10cm、10～20cm、20～30cm、30～40cm 和 40～60cm 养分含量范围分别为：4.37～5.83、4.17～6.08、4.27～6.28 、4.58～6.25、4.86～6.36 和 4.92～6.36。变异系数分别为 0.13%、0.18%、0.17%、0.12%、0.09%和 0.28%，均为弱变异。从表层到底层，土壤 pH 呈逐渐升高的趋势，表层 0～5cm 和 5～10cm 区别不大。

2. 土壤养分空间变异性分析

土壤养分空间变异性是结构性因素和随机性因素共同作用的结果。结构性因素——地形、母质和土壤类型等是土壤养分空间变异的内因，它使土壤养分空间变异结构性得到加强，在大尺度上，结构性因素表现比较明显；随机性因素——种植模式、施肥及耕作措施等是土壤养分空间变异的外因，表现为较大的随机性，对土壤养分空间变异结构性和相关性具有减弱作用，在小尺度上表现比较明显。在半方差函数模型中，C_0 表示块金值，由实验误差及小于取样尺度上种植类型、施肥、管理水平等随机因素引起的变异，较大的块金值表明较小尺度上的某种过程不容忽视；C 为结构方差，由地形、母质、土壤类型等非人为因素引起的变异；C_0+C 为基台值，即半方差函数值随距离增加到一定程度后，达到的稳定值，表示系统内总的变异；$C_0/(C_0+C)$ 为空间变异程度，即随机性因素引起的块金值与系统变异产生的基台值的比值。若该比值较高，说明由随机性因素引起的空间变异性很大；相反，比值较小，说明由结构性因素引起的空间变异程度较大；若该比值接近 1，说明变量在整个尺度上有恒定的变异。变程（a）即最大相关距离，若样点之间的距离大于该值，表明彼此相互独立；若小于该值，则表明彼此存在一定的空间相关性。区域化变量的空间相关性程度的分级标准为：$C_0/(C_0+C)<0.25$，变量有强烈的空间相关性；$C_0/(C_0+C)$ 在 0.25～0.75，变量具有中等空间相关性；$C_0/(C_0+C)>0.75$，变量具有弱的空间相关性，茶园土壤养分空间变异性分析数据见表 6-12。

表 6-12　土壤养分的空间变异理论模型和基本参数

土壤养分	土壤层次	模型	块金值（C_0）	基台值（C_0+C）	变程/cm	有效变程/cm	块金值/基台值[C_0/（C_0+C）]	决定系数 R^2
全磷	0～5	sph	0.01	0.03	51.00	51.00	0.368	0.647
	5～10	sph	0.01	0.03	51.00	51.00	0.394	0.644
	10～20	sph	0.01	0.05	81.00	81.00	0.273	0.641
	20～30	sph	0.01	0.06	69.65	69.65	0.154	0.831
	30～40	sph	0.01	0.07	64.36	64.36	0.126	0.901
	40～60	sph	0.00	0.05	71.00	71.00	0.089	0.891
速效磷	0～5	sph	1.00	939.00	23.38	23.38	0.001	0.843
	5～10	sph	21.00	549.70	20.97	20.97	0.038	0.815
	10～20	sph	30.00	521.00	21.00	21.00	0.058	0.790
	20～30	sph	1.00	442.40	24.97	24.97	0.002	0.858
	30～40	sph	1.00	476.10	25.02	25.02	0.002	0.910
	40～60	sph	1.00	399.00	29.41	29.41	0.003	0.880
有机质	0～5	exp	198.00	396.00	71.00	213.00	0.500	0.692
	5～10	exp	213.30	426.70	51.00	153.00	0.500	0.536
	10～20	exp	173.00	494.80	61.20	183.60	0.350	0.893
	20～30	sph	161.00	506.60	71.00	71.00	0.318	0.858
	30～40	sph	125.30	253.70	31.75	31.75	0.494	0.931
	40～60	sph	200.30	489.40	71.00	71.00	0.409	0.715
全氮	0～5	exp	0.16	0.32	61.00	183.00	0.498	0.507
	5～10	lin	0.12	0.12	29.70	29.70	1.000	0.567
	10～20	sph	0.03	0.07	26.01	26.01	0.400	0.899
	20～30	sph	0.01	0.10	65.24	65.24	0.118	0.938
	30～40	sph	0.01	0.06	64.94	64.94	0.117	0.931
	40～60	sph	0.00	0.06	66.35	66.35	0.067	0.937
NH_4^+-N	0～5	exp	10.70	21.41	71.00	213.00	0.500	0.737
	5～10	sph	9.67	19.35	81.00	81.00	0.500	0.488
	10～20	exp	8.57	17.15	71.00	213.00	0.500	0.643
	20～30	sph	6.52	13.05	71.00	71.00	0.500	0.734
	30～40	exp	4.57	9.14	61.00	183.00	0.500	0.818
	40～60	sph	4.44	9.02	61.00	61.00	0.492	0.852
pH	0～5	sph	0.10	0.23	81.00	81.00	0.440	0.572
	5～10	exp	0.15	0.31	81.00	243.00	0.498	0.494
	10～20	exp	0.14	0.29	71.00	213.00	0.498	0.649
	20～30	sph	0.10	0.19	71.00	71.00	0.497	0.780
	30～40	sph	0.07	0.14	77.10	77.10	0.496	0.749
	40～60	sph	0.05	0.13	71.00	71.00	0.407	0.857

注：exp 为指数模型（exponential model）；sph 为球状模型（spherical model）；lin 为线性模型（linear model）

1）土壤磷素空间变异性分析

土壤全磷不同土层均为球状模型（图 6-11），比较决定系数，模型拟合程度较好

（表 6-12）。不同土层有效变程分别为 10～20cm（81.00m）＞40～60cm（71.00m）＞20～30cm（69.65m）＞30～40cm（64.36m）＞5～10cm（51.00m）= 0～5cm（51.00m）。表层土空间自相关距离较底层小，$C_0/(C_0+C)$ 值随着土层的加深也表现为逐渐降低的趋势，表现为空间相关性依次增大。表层（0～5cm、5～10cm、10～20cm）$C_0/(C_0+C)$ 值在 0.25～0.75，为中等空间相关性，而底层（20～30cm、30～40cm、40～60cm）则为强空间相关性。表层受人为干扰因素要强，导致空间自相关性降低。

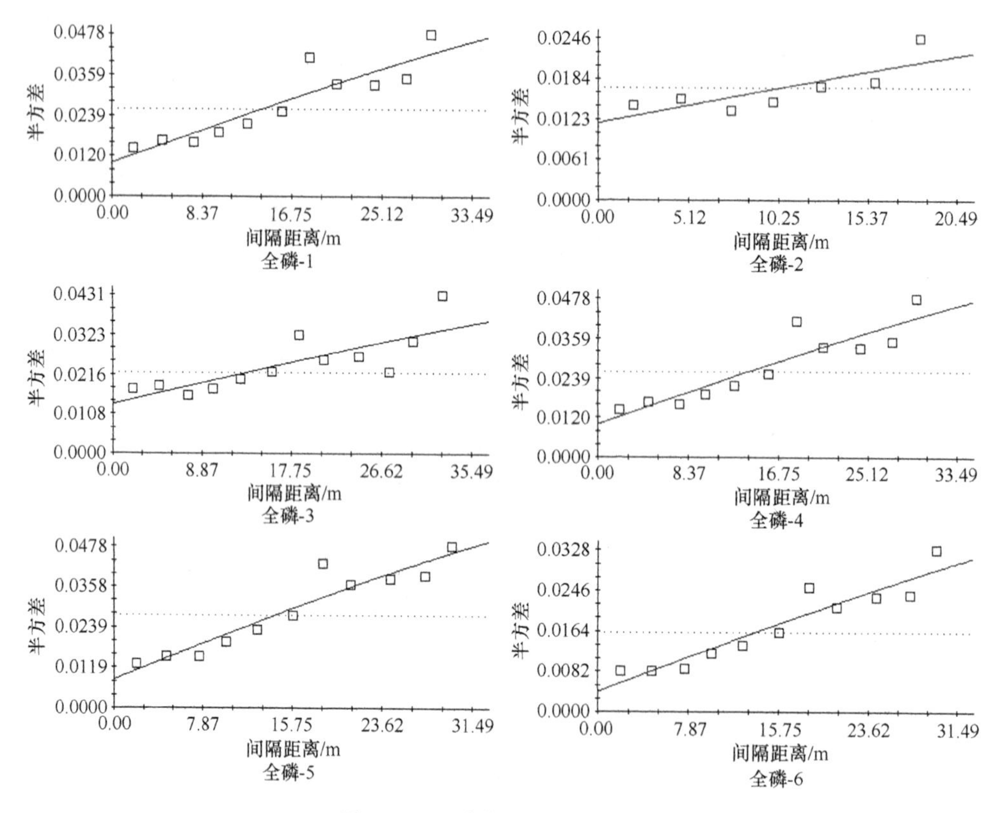

图 6-11　土壤全磷半方差函数图

土壤速效磷不同土层，与全磷一样，均为球状模型（图 6-12）。不同土层有效变程分别为 40～60cm（29.41m）＞30～40cm（25.02m）＞20～30cm（24.97m）＞0～5cm（23.38m）＞10～20cm（21.00m）＞5～10cm（20.97m），变程随着土层的增加逐渐增大。速效磷自相关性都很强，均表现为强空间相关性，除 5～10cm、10～20cm 两层空间变异值为 0.038、0.058，其余均小于 0.005。速效磷含量受人为干扰很少，基本为由结构性因素引起的空间变异性，且取样尺度小和种植模式单一，忽略地形、母质、气候等基本因素的变异，故其空间自相关性很强。

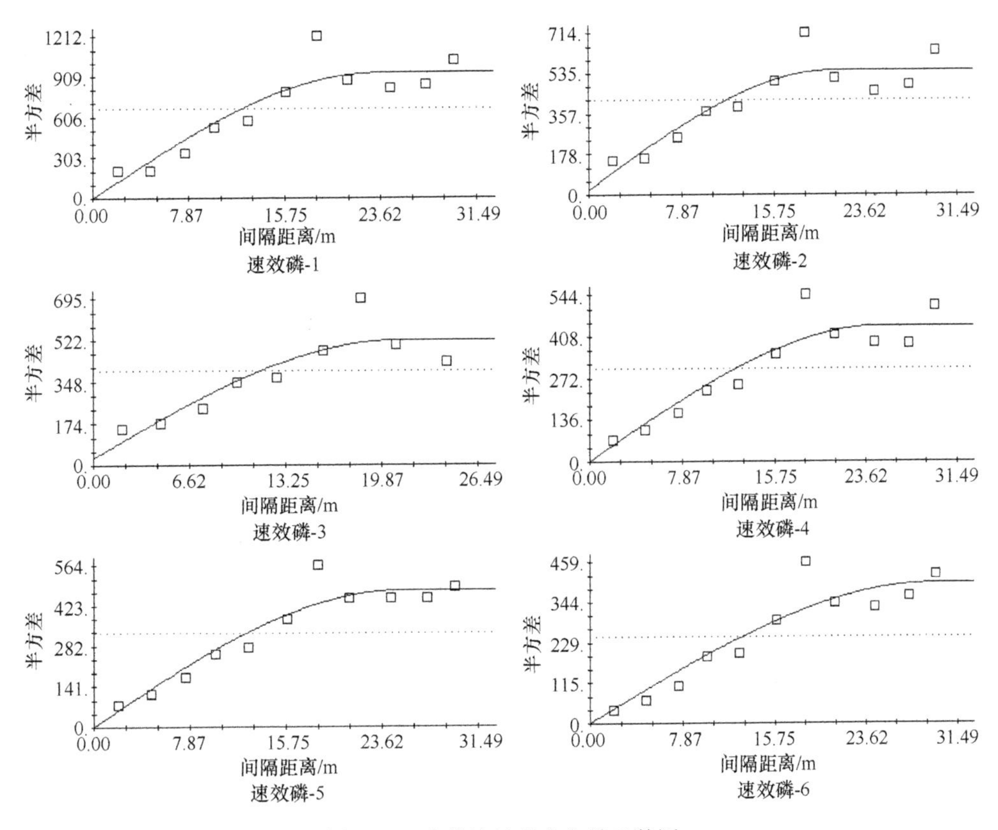

图 6-12　土壤速效磷半方差函数图

2）土壤有机质空间变异性分析

土壤有机质前三层为指数模型，后三层为球状模型（图 6-13）。不同土层有效变程分别为 0～5cm（213.00m）＞10～20cm（183.60m）＞5～10cm（153.00m）＞40～60cm（71.00m）=20～30cm（71.00m）＞30～40cm（31.75m），表层变程明显大于底层，这与不同模型模拟有关。各层相关性均为中等空间相关性，表层（0～5cm、5～10cm）空间自相关性要比底层低，表层比较容易受人为因素如施肥、管理等措施影响。

3）土壤氮素空间变异性分析

土壤全氮表层（0～5cm）为指数模型，第二层（5～10cm）为线性模型，底层均为球状模型（图 6-14）。变程表层最大，与选择模型有关；随着层次加深，变程逐渐增大，依次为 10～20cm（26.01m）、5～10cm（29.70m）、30～40cm（64.94m）、20～30cm（65.24m）、40～60cm（66.35m）。表层土壤全氮 C_0/C_0+C 值变化比较大，表现为：0～5cm（0.498）、10～20cm（0.400）为中等空间相关性；而 5～10cm，

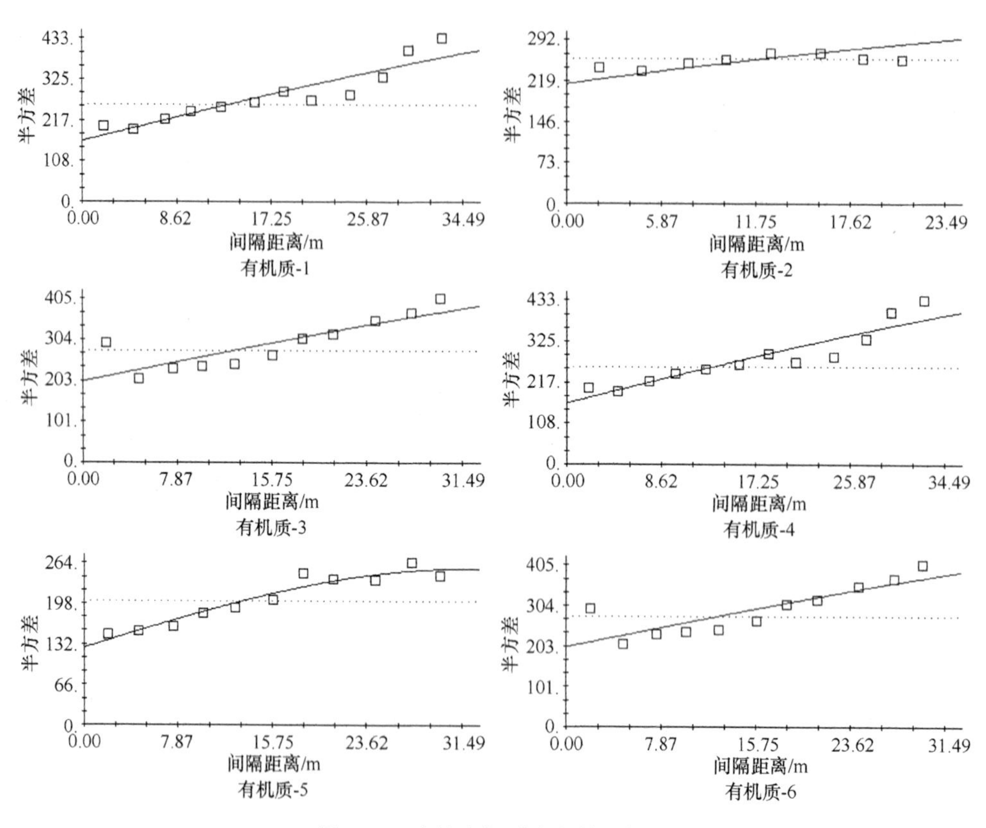

图 6-13　土壤有机质半方差函数图

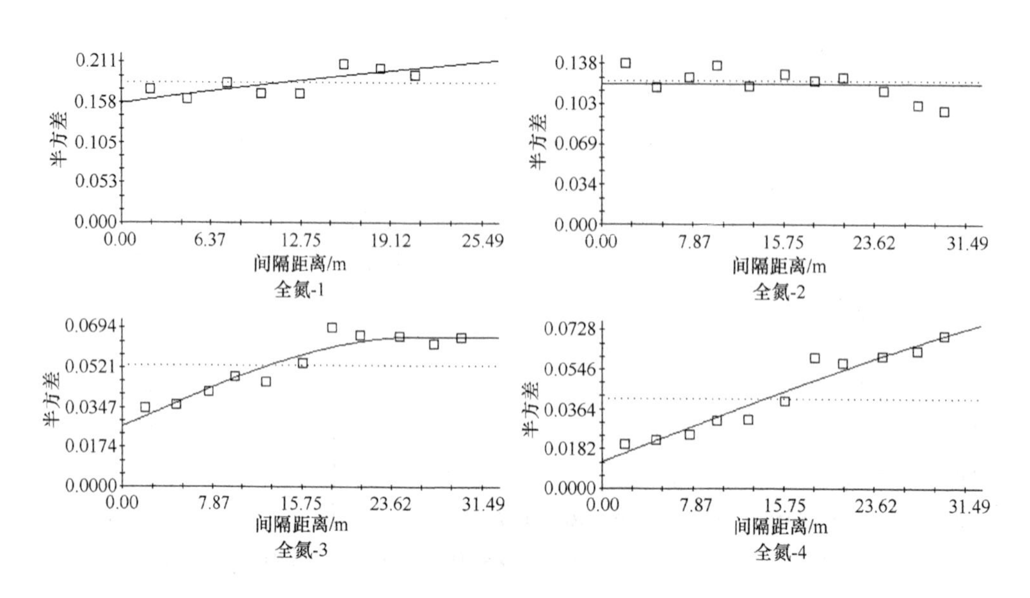

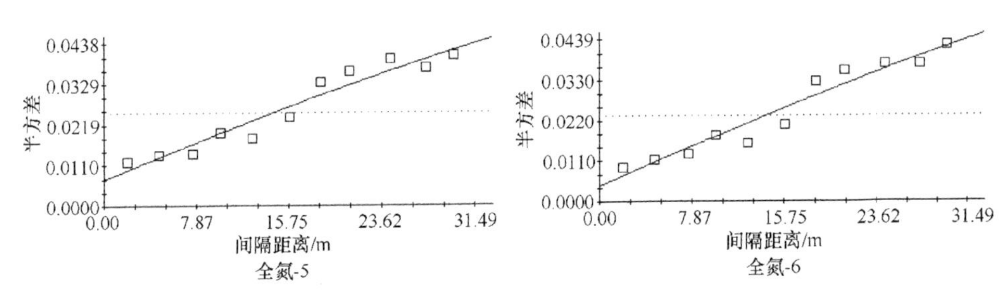

图 6-14　土壤全氮半方差函数图

全氮在整个尺度上有恒定的变异，没有空间相关性；底层均为强空间相关性，且依次增强，底层受干扰较小。可能与氮素在土壤中的易移动性有关，氮素的移动，易造成养分的淋溶和流失，导致养分分布不均。水土流失及农业生产管理制度都会成为土壤氮素空间相关性减弱的因素。

土壤 NH_4^+-N 从表层到底层，依次以指数模型、球状模型交叉出现（图 6-15），有效变程波动较大，依次为 213.00m、81.00m、213.00m、71.00m、183.00m 和 61.00m。不同土层空间变异性表现为中等空间自相关性。

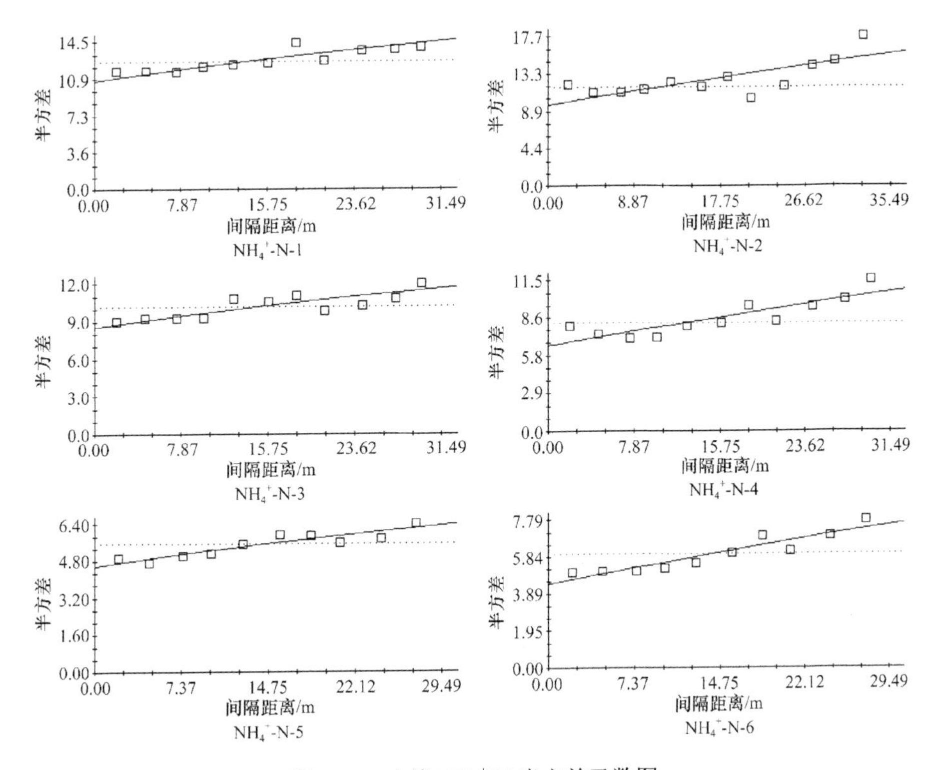

图 6-15　土壤 NH_4^+-N 半方差函数图

4）土壤 pH 空间变异性分析

土壤 pH 第二、三层为指数模型，其余为球状模型（图 6-16）。有效变程分别为 81.00m、243.00m、213.00m、71.00m、77.10m 和 71.00m，且均为中等空间相关性。

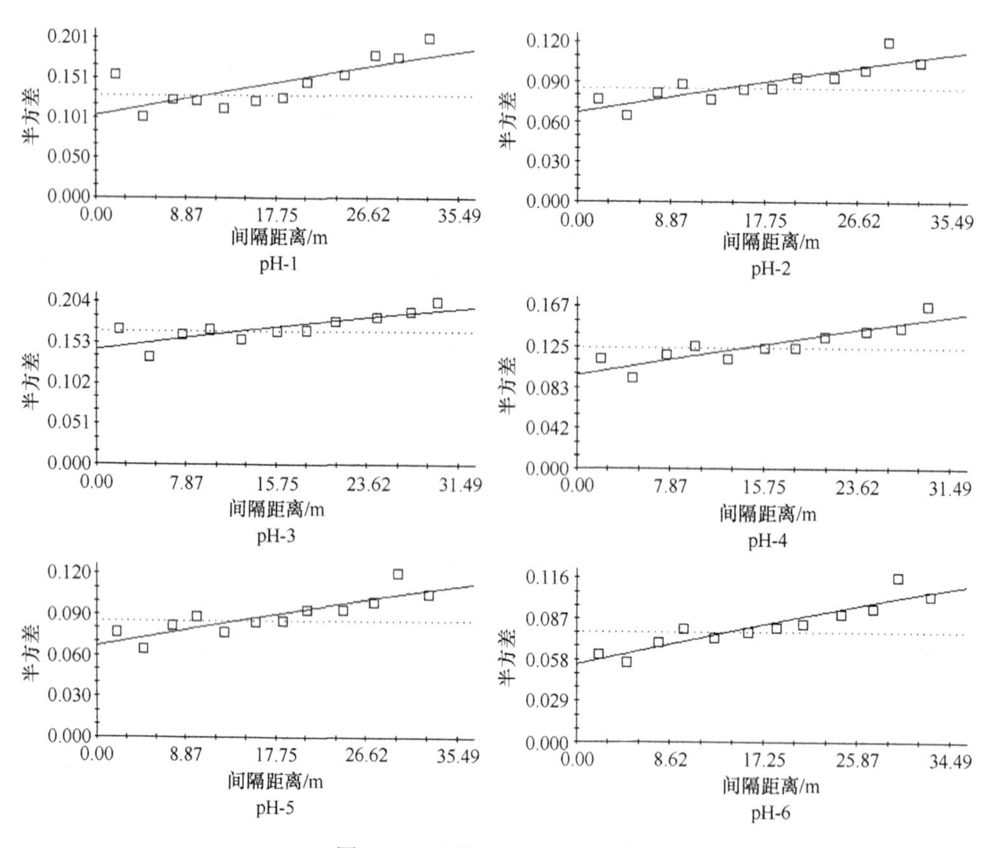

图 6-16　土壤 pH 半方差函数图

6.4.4　讨论

土壤养分坡面分布的差异性，是不同因素共同作用的结果。侵蚀是坡面土壤养分再分布过程和差异的主要影响因素，当其他条件一致时，侵蚀和堆积成了特定区域的土壤养分含量变异性的决定因素（朱远达，2001）。

土壤磷素（全磷、速效磷）变化表现为从坡顶到坡底逐渐降低的趋势，且随着土层的加深，含量也逐渐递减的。这与陈晓燕（2009）对坡耕地的速效养分分析结果相反，她认为，养分表现为坡顶＜坡中＜坡脚，在侵蚀和淋溶的作用下，逐渐向坡下转移。表明，不同土地利用类型速效养分分布的差异性。茶园土壤为酸性土，对磷的固定作用和磷的吸附作用及不随降水淋失等特性，决定磷素的非迁移性。

土壤有机质、全氮表现为明显的坡顶流失、坡脚富集作用，这与曾立雄（2010）及陈晓燕（2009）等研究结果一致，即其含量在自然坡面的下坡位最高。同时，在不同气候类型坡面上，养分含量坡面分布也有很大差别。曹靖等（2009）在对黄土半干旱山地坡面位置养分含量分析得到，荒山土壤有机质整体上含量为坡上中部低于坡下部，与本研究结果相同，而植被恢复区则表现为相反结果，为上坡位明显高于下坡位。有机质与全氮具有相同的变化趋势，不同研究表明，全氮与有机质有线性相关性。由于土壤养分自身特性及坡面养分随降水流失及淋溶等，全氮及有机质等会随着坡面地表径流和壤中流等向坡下移动，即出现明显的坡顶流失、坡下富集现象。富集程度与位置因坡长和坡度而不同，长缓坡导致养分富集，而短陡坡则伴随养分迁出。坡度较小时，坡面土壤养分分布的不同主要由坡面土壤性质差异引起，随坡度的增加，土壤侵蚀便逐渐成为坡面养分分布变异的主导因子。

土壤 NH_4^+-N 在坡面变化趋势同磷素，即从坡顶到坡底是逐渐降低的变化趋势。土壤 NH_4^+-N 容易被土壤胶体等吸附及植物根系吸收，不易受降水等因素引起的淋溶流失及土壤微生物的活性的作用等，NH_4^+-N 变化与 NO_3^--N 呈现很大差异，NO_3^--N 在坡面上没有明显的变化趋势，NO_3^--N 不易被土壤胶体吸附，易受降水等因素的影响，在垂直上淋溶流失，因此容易被淋洗到下部土层。通常 NO_3^--N 是在硝化细菌作用下由 NH_4^+-N 转化而来的，所以其含量与土壤通气状况有密切关系（王夏晖等，2002）。从一个面上说明，土壤 NH_4^+-N 在坡面分布上变化比较明显，而 NO_3^--N 没有什么规律。NH_4^+-N 和 NO_3^--N 都属于速效养分，其含量变化很容易受外界影响，在以后的研究中，可以结合其他因素，如微生物种类与分布、地表径流与壤中流在不同坡位的变化趋势等综合考虑其养分分布特征。

土壤 pH 随着土壤层次的加深，值逐渐增大，与曾立雄（2010）对茶园的研究结果一致，不同土地利用，其变化是不一样的，农田土壤的 pH 随土层的加深有所增加，但效果不显著，其他土地利用类型如板栗林、居民用地等的 pH 则对土层深度的变化没有明显的反应。这与研究对象——茶园有很大关系，茶为喜酸性土植物，在坡面上，由于降水等因素的影响，加之土壤养分的淋溶流失、土壤逐渐酸化、表层作物所需阳离子的流失及离子交换等因素，土壤表层 pH 较底层会低；居民、农用地等，受人为干扰太大，pH 变化不明显，且与用地类型的土壤类型及地形特征等有很大关系。

在研究土壤养分空间变异性特征时，不同的拟合模型，有效变程区别很大，造成的误差很大，应该实现模型的套合结构，经过多次修改模型的参数，达到理论值与实际值的最佳拟合效果。

不同土壤层次中，土壤养分随着土层增加整体呈下降趋势，这与土壤养分淋失有关，还可能与植被地下根系及微生物分布等有关，可以结合土壤根系及微生物活性等因素，考虑土壤养分空间变异性。

不同坡位，土壤养分分布有也明显差别，其作用机理尚不清楚，有待进一步研究。

在以后的研究中，有关坡面尺度下茶园养分的流失规律，可以从降水等因素加以考虑，具体内容可以结合以下几点：①坡面尺度下茶园养分随地表水的流失规律；②坡面尺度下茶园养分随壤中流的流失规律；③结合坡面尺度下茶园土壤养分的空间异质性及其分布规律，综合分析和比较茶园养分流失的主要途径及其影响因子。

将茶园土壤养分特性与土壤养分综合肥力评价指标体系结合，建立茶园养分管理体制，发展“精准农业”。只有理论与实践结合，将理论知识用于实践，指导实践，才能最大限度地发挥理论实际价值。

本研究区域，土壤 pH 和速效磷等为强空间自相关性，在以后分析取样的过程中，应增大取样距离，扩大取样尺度。结合大尺度茶园养分空间变异性研究，分析结构性因素对茶园土壤养分空间变异性的影响程度，与微小尺度上变异因素做比较，分析最佳取样尺度。从而建立动态土壤养分空间变异性分析，分析养分时空变化，长期定向观测，建立数据库，合理管理。

参 考 文 献

阿守珍, 卜耀军, 温仲明, 等. 2006. 黄土丘陵区不同植被类型土壤养分效应研究——以安塞纸房沟流域为例. 西北林学院学报, 21(6): 58-62.

艾尼瓦尔·吐尔, 阿地里江·阿不都拉, 阿不都拉·阿巴斯. 2005. 天山森林生态系统树生地衣植物群落数量分类及其物种多样性的研究. 植物生态学报, 29(4): 615-622.

白宝伟, 王海洋, 李先源, 等. 2005. 三峡库区淹没区与自然消落区现存植被的比较. 西南农业大学学报, 27(5): 684-691.

蔡锡安, 彭少麟, 赵平, 等. 2005. 三种乡土树种在二种林分改造模式下的生理生态比较. 生态学杂志, 24(3): 243-250.

曹靖, 常雅君, 苗晶晶, 等. 2009. 黄土高原半干旱区植被重建对不同坡位土壤肥力质量的影响. 干旱区资源与环境, 23(1): 169-173.

常杰. 2010. 生态学. 北京: 高等教育出版社.

陈国南. 1987. 用迈阿密模型测算我国生物生产量的初步尝试. 自然资源学报, 2(3): 270-278.

陈亮中, 谢宝元, 肖文发, 等. 2007. 三峡库区主要森林植被类型土壤有机碳贮量研究. 长江流域资源与环境, 16(5): 640-643.

陈求稳, 欧阳志云. 2005. 流域生态学及模型系统. 生态学报, 25(5): 1153-1161.

陈拓, 陈发虎, 安黎哲, 等. 2004. 不同海拔祁连圆柏树轮和叶片 & ^{13}C 值的变化. 冰川冻土, 26(6): 767-771.

陈伟烈, 张喜群, 梁松筠, 等. 1994. 三峡库区的植物与复合农业生态系统. 北京: 科学出版社.

陈卫英, 陈真勇, 罗辅燕, 等. 2012. 光响应曲线的指数改进模型与常用模型的比较. 植物生态学报, 36(12): 1277-1285.

陈鲜艳, 张强, 叶殿秀, 等. 2009. 三峡库区局地气候变化. 长江流域资源与环境, 18(1): 47-51.

陈晓燕. 2009. 不同尺度下紫色土水土流失效应分析. 西南大学博士学位论文.

陈志成, 王荣荣, 王志伟, 等. 2012. 不同土壤水分条件下栾树光合作用的光响应. 中国水土保持科学, 10(3): 105-110.

程瑞梅, 肖文发. 2005. 三峡库区主要针叶林多样性研究. 应用生态学报, 16(9): 1791-1794.

程瑞梅, 肖文发, 李建文, 等. 1999. 三峡库区森林植被分类系统初探. 环境与开发, 14(2): 4-7.

程瑞梅, 肖文发, 李建文, 等. 2002. 三峡库区森林植物多样性分析. 应用生态学报, 13(1): 35-40.

程瑞梅, 肖文发, 李新新. 2004. 李建文. 三峡库区柏木林研究. 林业科学研究, 17(3): 382-386.

程瑞梅, 肖文发, 马娟, 等. 2000. 三峡库区灌丛群落多样性的研究. 林业科学研究, 13(2): 129-133.

方精云, 沈泽昊, 唐志尧, 等. 2004. 中国山地植物物种多样性调查计划及若干技术规范. 生物多样性, 12(1): 5-9, 14.

付立国, 金鉴明. 1992. 中国植物红皮书. 北京: 科学出版社.

勾晓华, 陈发虎, 杨梅学, 等. 2004. 祁连山中部地区树轮宽度年表特征随海拔高度的变化. 生态学报, 24(1): 172-176.
郭泉水, 康义, 洪明, 等. 2013. 三峡库区消落带陆生植被对首次水陆生境变化的响应. 林业科学, 49(5): 1-9.
郭胜利, 刘文兆, 史竹叶, 等. 2003. 半干旱区流域土壤养分分布特征及其与地形、植被的关系. 干旱地区农业研究, 21(4): 40-43.
韩兴国, 李凌浩, 黄建辉. 1999. 生物地球化学概论. 北京: 高等教育出版社.
何园球, 沈其荣, 王兴祥. 2003. 红壤丘岗区人工林恢复过程中的土壤养分状况. 土壤, 35(3): 222-226.
贺金生, 陈伟烈. 1997. 陆地植物群落物种多样性的梯度变化特征. 生态学报, 17(1): 91-99.
贺庆棠, Baumgartner A. 1986. 中国植物的可能生产力: 农业和林业的气候产量. 北京林业大学学报, (2): 84-98.
洪明, 郭泉水, 聂必红, 等. 2011. 三峡库区消落带香附子对水陆生境变化的响应. 河北农业大学学报, 34(3): 77-84.
侯爱敏, 彭少麟, 周国逸. 1999. 树木年轮对气候变化的响应研究及其应用. 生态科学, 18(3): 16-21.
侯光良, 游松才. 1990. 用筑后模型估算我国植物气候生产力. 自然资源学报, 5(1): 60-65.
胡理乐, 毛志宏, 朱教君, 等. 2005. 辽东山区天然次生林的数量分类. 生态学报, 25(11): 2848-2854.
胡玉福, 邓良玉, 张世熔, 等. 2006. 川中丘陵区不同利用放式的土壤养分特征研究. 水土保持学报, 20(6): 85-89.
黄刚, 赵学勇, 张铜会, 等. 2007. 科尔沁沙地 3 种灌木根际土壤 pH 值及其养分状况. 林业科学, 43(8): 138-142.
黄荣凤, 赵有科, 吕建雄, 等. 2006. 侧柏年轮宽度和年轮密度对气候变化的响应. 林业科学, 42(7): 78-82.
江洪. 1994. 川西北甘南云冷杉林的数量分类. 植物生态学报, 18(4): 297-305.
姜培坤, 徐秋芳, 周国模, 等. 2007. 石灰岩荒山造林后土壤养分与活性碳含量的变化. 林业科学, 43(1): 39-42.
康玲玲, 王云璋, 刘雪, 等. 2003. 水土保持措施对土壤化学特性的影响. 水土保持通报, (01): 46-48+55.
柯金虎, 朴世龙, 方精云. 2003. 长江流域植被净第一性生产力及其时空格局研究. 植物生态学报, 27(6): 764-770.
孔凡洲, 于仁成, 徐子钧, 等. 2012. 应用 Excel 软件计算生物多样性指数. 海洋科学, 36(4): 57-62.
兰国玉, 雷瑞德. 2006. 秦岭华山松群落数量分类研究. 生态学杂志, 25(2): 119-124.
兰涛, 夏冰, 贺善安. 1994. 马尾松的生长与气候关系的年轮分析. 应用生态学报, 5(4): 422-424.
郎莹, 张光灿, 张征坤, 等. 2011. 不同土壤水分条件下山杏光合作用光响应过程及其模拟. 生态学报, 31(16): 4499-4508.
李翠环, 余树全, 周国模. 2002. 亚热带常绿阔叶林植被恢复研究进展. 浙江农林大学学报, 19(3): 325-329.
李恩香, 蒋忠诚, 曹建华, 等. 2004. 广西弄拉岩溶植被不同演替阶段的主要土壤因子及溶蚀率对比研究. 生态学报, 24(6): 49-53.

李吉玫, 徐海量, 张占江, 等. 2008. 河水漫溢对塔里木河下游荒漠河岸林地表植被与土壤种子库的影响. 应用生态学报, 19(8): 1651-1657.

李景文. 1997. 森林生态学. 北京: 中国林业出版社.

李强, 丁武泉, 朱启红, 等. 2011. 三峡库区泥、沙沉降对低位狗牙根种群的影响. 生态学报, 31(6): 1567-1573.

李永秀, 杨再强, 张富存. 2011. 光合作用模型在长江下游冬麦区的适用性研究. 中国农业气象, 32(4): 588-592

李兆佳, 熊高明, 邓龙强, 等. 2013. 狗牙根与牛鞭草在三峡库区消落带水淹结束后的抗氧化酶活力. 生态学报, 33(11): 3362-3369.

廖小峰, 刘济明, 张东凯, 等. 2012. 野生小蓬竹的光合光响应曲线及其模型拟合. 中南林业科技大学学报, 32(3): 124-128.

刘贵华, 肖蒇, 陈漱飞, 等. 2007. 土壤种子库在长江中下游湿地恢复与生物多样性保护中的作用. 自然科学进展, 17(6): 741-747.

刘海江, 郭柯. 2003. 浑善达克沙地丘间低地植物群落的分类与排序. 生态学报, 23(10): 2163-2169.

刘江华, 李登武, 刘国彬, 等. 2008. 刺槐林下植被的水分生态型和生活型谱特征. 中国水土保持科学, 6(2): 95-99.

刘攀峰, 杨瑞, 安明态, 等. 2008. 贵州茂兰喀斯特森林植被演替序列的数量分析. 中国岩溶, 27(4): 329-334.

刘世荣, 温远光, 肖文发, 等. 2005. 杉木生产力生态学. 北京: 气象出版社.

刘维暐, 王杰, 王勇, 等. 2012. 三峡水库消落区不同海拔高度的植物群落多样性差异. 生态学报, 32(17): 5454-5466.

刘杏梅. 2005. 基于GIS和地统计学的不同尺度水稻田土壤养分时空变异及其机理研究. 浙江大学博士学位论文.

刘旭, 程瑞梅, 郭泉水, 等. 2008. 香附子对不同土壤水分梯度的适应性研究. 长江流域资源与环境, 17(Z1): 60-65.

刘艳, 周国逸, 褚国伟, 等. 2005. 鼎湖山针阔混交林土壤酸度与土壤养分的季节动态. 生态环境, 14(1): 81-85.

刘泽彬, 程瑞梅, 肖文发, 等. 2013. 水淹胁迫对植物光合生理生态的影响. 世界林业研究, 26(3): 33-38.

刘泽彬, 程瑞梅, 肖文发, 等. 2013. 淹水对三峡库区消落带香附子生长及光合特性的影响. 生态学杂志, 32(8): 2015-2022.

卢志军, 李连发, 黄汉东, 等. 2010. 三峡水库蓄水对消涨带植被的初步影响. 武汉植物学研究, 28(3): 303-314.

罗天祥. 1996. 中国主要森林类型生物生产力格局及其数学模型. 中国科学院自然资源综合考察委员会博士论文.

罗天祥, 赵士洞. 1997. 中国杉木林生物生产力格局及其数学模型. 植物生态学报, 21(5): 403-415.

马克平, 黄建辉, 于顺利, 等. 1995. 北京东灵山地区植物群落多样性的研究Ⅱ丰富度、均匀度和物种多样性指数. 生态学报, 15(3): 268-277.

牛云, 张宏斌, 刘贤德, 等. 2002. 祁连山主要植被下土壤水的时空动态变化特征. 山地学报, 20(6): 723-726.

庞学勇, 刘世全, 刘庆, 等. 2003. 川西亚高山针叶林植物群落演替对土壤性质的影响. 水土保持学报, 17(4): 42-45.
彭剑峰, 勾晓华, 陈发虎, 等. 2006. 天山东部西伯利亚落叶松树轮生长对气候要素的响应分析. 生态学报, 26(8): 2723-2731.
曲国辉, 郭继勋. 2007. 松嫩平原不同演替阶段植物群落与土壤特性的关系. 草业学报, 12(1): 18-22.
邵雪梅. 1997. 树轮年代学的若干进展. 第四纪研究, 3: 265-271.
邵雪梅, 王树芝, 徐岩, 等. 2007. 柴达木盆地东北 3500 年树轮定年年表的初步建立. 第四纪研究, 27(4): 477-485.
邵雪梅, 吴祥定. 1994. 华山树木年表的建立. 地理学报, 49(2): 174-181.
沈国舫. 1997. 混交林研究. 北京: 中国林业出版社.
史志民. 2007. 局地土地利用对土壤养分的影响. 西南大学硕士学位论文.
史作民, 刘世荣, 程瑞梅, 等. 2000. 河南宝天曼植物群落数量分类研究. 林业科学, 36(6): 20-27.
宋洪涛, 张劲峰, 田昆, 等. 2007. 滇西北亚高山地区黄背栎林植被演替过程中的林地土壤化学响应. 西部林业科学, 36(2): 23-27.
宋永昌. 2001. 植被生态学. 上海: 华东师范大学出版社.
苏维词, 杨华, 罗有贤, 等. 2003. 三峡库区涨落带的主要生态环境问题及其防治措施. 水土保持研究, 10(4): 196-198.
孙凡, 钟章成. 1999. 缙云山四川大头茶树木年轮生长动态与气候因子关系的研究. 应用生态学报, 10(2): 151-154.
孙荣, 袁兴中, 刘红, 等. 2011. 三峡水库消落带植物群落组成及物种多样性. 生态学杂志, 30(2): 208-214.
谭淑端, 朱明勇, 张克荣, 等. 2009. 植物对水淹胁迫的响应与适应. 生态学杂志, 28(9): 1871-1877.
唐勇, 曹敏, 盛才余. 2000. 西双版纳热带森林土壤种子库的季节变化. 广西植物, 20(4): 371-376.
陶敏, 鲍大川, 江明喜. 2011. 三峡库区 9 种植物种子萌发特性及其在植被恢复中的意义. 生态学报, 31(4): 0906-0913.
王金叶, 田大伦, 王彦辉, 等. 2005. 祁连山林草复合流域土壤水文效应. 水土保持学报, 19(3): 144-147.
王淼, 白淑菊. 1995. 大气增温对长白山林木直径生长的影响. 应用生态学报, 6(2): 128-132.
王鹏程, 肖文发, 张守攻, 等. 2007. 三峡库区主要森林植被类型土壤渗透性能研究. 水土保持学报, 21(6): 51-55.
王强, 袁兴中, 刘红, 等. 2011. 水淹对三峡水库消落带苍耳种子萌发的影响. 湿地科学, 9(4): 328-333.
王荣荣, 夏江宝, 杨吉华, 等. 2013. 贝壳砂生境干旱胁迫下杠柳叶片光合光响应模型比较. 植物生态学报, 37(2): 111-121.
王夏晖, 刘军, 王益权. 2002. 不同施肥方式下土壤氮素的运移特征研究. 土壤通报, 33(3): 202-206.
王相磊, 周进, 李伟, 等. 2003. 洪湖湿地退耕初期种子库的季节动态. 植物生态学报, 27(3): 352-359.

王晓荣, 程瑞梅, 封晓辉, 等. 2009. 三峡库区消落带回水区水淹初期土壤种子库特征. 应用生态学报, 20(12): 2891-2897.
王晓荣, 程瑞梅, 肖文发, 等. 2010. 三峡库区消落带水淹初期地上植被与土壤种子库的关系. 生态学报, 30(21): 5821-5831.
王欣, 高贤明. 2010. 模拟水淹对三峡库区常见一年生草本植物种子萌发的影响. 植物生态学报, 34(12): 1404-1413.
王秀伟, 毛子军. 2009. 7 个光响应曲线模型对不同植物种的实用性. 植物研究, 29(1): 43-48.
王业春, 雷波, 张晟. 2012. 三峡库区消落带不同水位高程植被和土壤特征差异. 湖泊科学, 24(2): 206-212.
王勇, 刘义飞, 刘松柏, 等. 2005. 三峡库区消涨带植被重建. 植物学通报, 22(5): 513-522.
王勇, 吴金清, 黄宏文, 等. 2004. 三峡库区消涨带植物群落的数量分析. 武汉植物学研究, 22(4): 307-314.
王正文, 祝廷成. 2002. 松嫩草地水淹干扰后的土壤种子库特征及其与植被关系. 生态学报, 22(9): 1392-1398.
温远光, 元昌安, 刘世荣. 1994. 广西杉木林气候生产力模型及分布的研究. 自然资源, (6): 63-70.
温仲明, 焦峰, 赫晓慧, 等. 2007. 黄土高原森林边缘退耕地植被自然恢复及其对土壤养分变化的影响. 草业科学, 16(1): 43-52.
吴祥定. 1990. 树木年轮与气候变化. 北京: 气象出版社: 44-65.
吴祥定, 邵雪梅. 1993. 中国树木年轮学研究动态与展望. 地球科学进展, 8(6): 31-35.
吴征镒. 1991. 中国种子植物属的分布区类型. 云南植物研究, (增刊 IV).
伍维模, 李志军, 罗青红, 等. 2007. 土壤水分胁迫对胡杨、灰叶胡杨光合作用-光响应特性的影响. 林业科学, 43(5): 30-35.
夏冰, 兰涛. 1996. 马尾松直径生长与气候的非线性响应函数. 植物生态学报, 20(1): 51-56.
肖鹏飞, 张世熔, 黄丽. 2005. 成都平原区土壤速效磷时空变化特征. 水土保持学报, 19(4): 89-100.
肖文发, 李建文, 于长青, 等. 2000. 长江三峡陆生动植物生态. 重庆: 西南师范大学出版社, 174-177.
谢晋阳, 陈灵芝. 1994. 暖温带落叶阔叶林的物种多样性特征. 生态学报, 14(4): 337-344.
邢福, 王莹, 许坤, 等. 2008. 三江平原沼泽湿地群落演替系列的土壤种子库特征. 湿地科学, 6(3): 351-358.
熊汉锋, 王运华. 2005. 梁子湖湿地土壤养分的空间异质性. 植物营养与肥料学报, 11(5): 584-589.
徐斌, 赵哈林, 徐措, 等. 2000. 沙地草场放牧试验植物群落的TW1NSPAN数量分析. 植物生态学报, 24(2): 252-256.
徐海量, 叶茂, 李吉枚, 等. 2008. 塔里木河下游土壤种子库的季节差异分析. 水土保持通报, 28(3): 17-22.
徐秋芳, 桂祖云. 1998. 不同林木凋落物分解对土壤性质的影响. 浙江农林大学学报, (1): 27-31.
许明祥, 刘国彬. 2004. 黄土丘陵区刺槐人工林土壤养分特征及演变. 植物营养与肥料学报, 10(1): 40-46.
闫小红, 尹建华, 段世华, 等. 2013. 四种水稻品种的光合光响应曲线及其模型模拟. 生态学杂志, 32(3): 604-610.

颜昌宙, 金相灿, 赵景柱, 等. 2005. 湖滨带退化生态系统的恢复与重建. 应用生态学报, 16(2): 360-364.
杨金艳, 王传宽. 2005. 东北东部森林生态系统土壤碳贮量和碳通量. 生态学报, 25(11): 2875-2882.
杨利民, 韩梅, 林红梅. 2005. 中国东北样带羊草群落植物水分生态类型功能群生物量变化研究. 吉林农业大学学报, 27(5): 514-518.
叶子飘, 康华靖. 2012. 植物光响应修正模型中系数的生物学意义研究. 扬州大学学报(农业与生命科学版), 33(2): 51-57.
叶子飘, 于强. 2008. 光合作用光响应曲线模型的比较. 植物生态学报, 32(6): 1356-1361.
叶子飘, 赵则海. 2009. 遮光对三叶鬼针草光合作用和叶绿素含量的影响. 生态学杂志, 28(1): 19-22.
于大炮, 王顺忠, 唐立娜, 等. 2005. 长白山北坡落叶松年轮年表及其与气候变化的关系. 应用生态学报, 16(1): 14-20.
岳明. 1995. 陕北黄土区森林地带侧柏种群结构及动态初探. 武汉植物学研究, 13(3): 231-239.
曾立雄. 2010. 三峡库区兰陵溪小流域养分的分布、迁移与控制研究. 中国林业科学研究所博士学位论文.
曾永年, 冯兆东, 曹广超, 等. 2004. 黄河源区高寒草地土壤有机碳储量及分布特征. 地理学报, 59(4): 497-504.
张春敏. 2008. 长江源区植被净初生产力及水分利用效率的估算研究. 兰州大学硕士学位论文.
张鼎华, 范少辉. 2002. 亚热带常绿阔叶林和杉木林皆伐后林地土壤肥力的变化. 应用与环境生物学报, 8(2): 115-119.
张峰, 张金屯. 2000. 我国植被数量分类和排序研究进展. 山西大学学报(自然科学版), 23(3): 278-282.
张洪涛, 祝昌汉, 张强. 2004. 长江三峡水库气候效应数值模拟. 长江流域资源与环境, 13(2): 133-137.
张金屯. 1992a. 模糊数学排序及其应用. 生态学报, 12(4): 325-331.
张金屯. 1992b. 植被数量分析方法的发展. 当代生态学博论. 北京: 中国科学技术出版社: 249-265.
张金屯. 2004. 数量生态学. 北京: 科学出版社.
张林, 罗天祥, 邓坤枚, 等. 2004. 广西黄冕林场次生常绿阔叶林生物量及净第一性生产力. 应用生态学报, 15(11): 2029-2033.
张宪洲. 1993. 我国自然植被净第一性生产力的估算与分布. 自然资源,(1): 15-21.
张新时. 1991. 西藏阿里植物群落的间接梯度分析、数量分类与环境解释. 植物分类与地植物学学报, 15(2): 101-113.
张学龙, 车克钧, 王金叶, 等. 1998. 祁连山寺大隆林区土壤水分动态研究. 西北林学院学报, (1): 1-9.
张咏梅, 何静, 潘开文, 等. 2003. 土壤种子库对原有植被恢复的贡献. 应用与环境生物学报, 9(3): 326-332.
张中锋, 黄玉清, 莫凌, 等. 2009. 岩溶区 4 种石山植物光合作用的光响应. 西北林学院学报, 24(1): 44-48.
张祖荣, 古德洪. 2008. 重庆四面山次生植被不同演替阶段土壤理化性质的比较研究. 林业科技, 33(6): 21-25.

赵俊芳, 延晓冬, 贾根锁. 2008. 东北森林净第一性生产力与碳收支对气候变化的响应. 生态学报, 28(1): 92-102.

郑永宏, 梁尔源. 朱海峰. 等. 2008. 不同生境祁连圆柏的径向生长对气候变化的响应. 北京林业大学学报, 30(3): 7-12.

郑征, 冯志立, 曹敏, 等. 2000. 西双版纳原始热带湿性季节雨林生物量及净初级生产. 植物生态学报, 24(2): 197-203.

中国长江三峡集团公司水情信息, 宜昌. 2014-03-25. http://www.ctgpc.com.cn/inc/sqsk.php.

中国科学院中国植物志编辑委员会. 1978. 中国植物志. 北京: 科学出版社.

中国植被编辑委员会. 1983. 中国植被. 北京: 科学出版社.

周广胜, 张新时. 1995. 自然植被净第一性生产力模型初探. 植物生态学报, 19(3): 193-200.

周莉, 代力民, 谷会岩, 等. 2004. 长白山阔叶红松林采伐迹地土壤养分含量动态研究. 应用生态学报, (10): 1771-1775.

周印东, 吴金水, 赵世伟, 等. 2003. 子午岭植被演替过程中土壤剖面有机质与持水性能变化. 西北植物学报, 23(6): 895-900.

周源, 马履一. 2009. 不同土壤水分条件下 107 杨幼苗(*Populus* × *euramericana* cv. "74/76")秋季光响应研究. 西北林学院学报, 24(5): 1-4.

朱永宁, 张玉书, 纪瑞鹏, 等. 2012. 干旱胁迫下 3 种玉米光响应模型的比较. 沈阳农业大学学报, 43(1): 3-7.

朱远达. 2001. 水力侵蚀对土壤中碳和养分含量的影响及其过程的空间模拟. 华中农业大学硕士学位论文.

朱志辉. 1993. 自然植被净第一性生产力估计模型. 科学通报, 38(15): 1422-1426.

庄雪影, Corlett RT. 2000. 香港乡土树种幼苗在次生林下生长的研究. 热带亚热带植物学报, 8(4): 291-300.

Aandahl A R. 1948. The characterization of slope positions and their influence on total nitrogen content of a few virgin soils of western Iowa. Soil Science Society of America Journal, 13: 449-454.

Bonan GB, Sirois L. 1992. Air temperature, tree growth, and the northern and southern range limits to *Picea mariana*. Journal of Vegetation Science, 3: 495-506.

Bradfield G, Scagel A. 1984. Correlations among vegetation strata and environmental variables in subalpine spruce-fir forests in southeastern British Columbia. Vegetation, 55: 105-114.

Brooks JR, Flanagan LB, Ehleringer JR. 1998. Responses of boreal conifers to climate fluctuations: Indications from tree-ring widths and carbon isotope analyses. Canadian Journal of Forestry Research, 28: 524-533.

Chen ZY, Peng ZS, Yang J, et al. 2011. A mathematical model for describing light-response curves in *Nicotiana tabacum* L. Photosynthetica, 49(3): 467-471.

Cook ER, Kairiukstis LA. 1990. Methods of Dendrochronology. Dordrecht: Kluwer Academic.

D'Arrigo RD, Jacoby GC. 1993. Secular trends in high northern latitude temperature reconstructions based on tree rings. Climate Change, 25: 163-177.

Dang QL, Lieffers VJ. 1989. Climate and annual ring growth of black spruces in some Alberta peatlands. Canadian Journal of Botany, 67: 1885-1889.

Fritts HC. 1976. Tree Ring and Climate. London: Academic Press.

Gaston KJ. 2000. Global patterns in biodiversity. Nature, 405: 220-226.

Graig-Smith P. 1983. Quantitative Plant Ecology. 3rd edition. London: Butter Worths.

Harper JL. 1977. Population Biology of Plants. London: Academic Press.

Hill MO, Gauch HG. 1980. Detrended correspondence analysis: an improved ordination technique. Vegetation, 42: 47-58

Holmes RL. 1983. Computer-assisted quality control in tree-ring dating and measurement. Tree-Ring Bulletin, 43: 69-75.

Hopkins MS, Graham AW. 1987. The viability of seeds of rainforest species after experimental soil burials under tropical wet lowland forest in northeastern Australia. Australian Journal of Ecology, 12(2): 97-108.

Hughes MK, Brown PM. 1991. Drought frequency in central California since 101 B. C. recorded in Giant Sequoia tree rings. Climate Dynamics, 6: 161-167.

Kershaw KA, Looney JHH. 1985. Quantitative and Dynamic Plan Ecology. 3rd edition. London: Edward Arnold.

Kohler MA. 1949. On the use of double-mass analysis for testing the consistency of meteorological records and for making required adjustments. Bulletin of the American Meteorological Society, 30: 188-189.

Larsen CPS, MacDonald CM. 1995. Relations between tree-ring widths, climate, and annual area burned in the boreal forest of Al-berta. Canadian Journal of Forest Research, 25: 1746-1755.

Leak WB. 1975. Age distribution in virgin red spruce and Northern Hardwoods. Ecology, 56(6): 1451-1454.

Lewis JD, Olszyk D, Tingey DT. 1999. Seasonal patterns of photosynthetic light response in Douglas-fir seedlings subjected to elevated atmospheric CO_2 and temperature. Tree Physiology, 19(4/5): 243-252.

Li M, Yang D, Li W. 2007. Leaf gas exchange characteristics and chlorophy II fluorescence of three wetland plants in response to long-term soil flooding. Photosynthetica, 45(2): 222-228.

Liang EY, Shao XM, Hu YX, et al. 2001. Dendroclimatic evaluation of climate-growth relationships of Meyer spruce(*Picea meyeri*)on a sandy substrate in semi-arid grassland, north China. Trees-Structure and Function, 15(4): 230-235.

Liang EY, Shao XM, Hu YX, et al. 2006. Topography- and species-dependent growth response to climate of *Sabina przewalskii* and *Picea crassifolia* on the northeast Tibetan Plateau. Forest Ecology and Management, 236: 268-267.

Linacre Rojas L, Lavaniegos Espejo B. 2002. Community Structure of Euphausiids, in the Southern Part of the California, Current during October 1997 (El Niño), and October 1999 (La Niña). Investigaciones Marinas, 30(6): 117-118.

Liu LS, Shao XM, Liang EY. 2006. Climate signals from tree ring chronologies of the upper and lower treelines in Dulan region of the northeastern Qinghai-Tibetan plateau. Journal of Integrative Plant Biology, 48(3): 278. 285.

Lyon J, Gross NM. 2005. Patterns of plant diversity and plant environmental relationships across three riparian corridors. Forest Ecology and Management, 204: 267-278.

Magurran AE. 1988. Ecological Diversity and its Measurement. New Jersey: Princeton University Press.

Mann HB. 1945. Non-parametric test against trend. Econometrica, 13: 245-259.

McDonald DJ, Cowling RM, Boucher C. 1996. Vegetation-environment relationships on a species-rich coastal mountain range in the fynbos biome(South Africa). Vegetatio, 123: 165-182

Mielke MS, Matos EM, Couto VB, et al. 2005. Some photosynthetic and growth responses of *Annona glabra* L. seedlings to soil flooding. Acta Botanica Brasilica, 19(4): 905-911.

Mielke MS, Schaffer B. 2009. Leaf gas exchange, chlorophyII fluorescence and pigment indexes of Eugenia uniflora L. in response to changes in light intensity and soil flooding. Tree Physiology, 30(1): 45-55.

Paul KI, Black AS, Conyers MK. 2001. Effect of plant residue return on the development of surface soil pH gradients. Biology and Fertility of Soils, 33: 75-82.

Prado CHBA, Moreas JD. 1997. Photosynthetic capacity and specific leaf mass in twenty woody species of Cerrado vegetation under field condition. Photosynthetica, 33(1): 103-112.

Rey Benayas JM. 1995. Patterns of diversity in the strata of boreal montane forest in British Columbia. Journal of Veg-etation Science, 6: 95-98.

Schweigruber FH. 1996. Tree Rings and Environment Dendroecology. Berne: Paul Haupt Publishers: 26-33.

Thornley JHM. 1976. Mathematical Models in Plant Physiology. London: Academic Press, 86-110.

Ting VMS. 2002. Quantity, characteristics and management of pond-bottom sludge from shrimp farms in Sarawak: a preliminary study. Universiti Malaysia Sarawak, Master's Thesis.

Walting JR, Press MC, Quick WP. 2000. Elevated CO_2 induces biochemical and ultrastructural changes in leaves of the C4 cereal sorghum. Plant Physiology, 123(3): 1143-1152.

Whittaker RH. 1972. Evolution and measurement of species diversity. Taxon, 21: 213-251.

Ye ZP. 2007. A new model for relationship between irradiance and the rate of photosynthesis in *Oryza sativa*. Photosynthetica, 45(4): 637-640.

Zhang QB, Cheng GD, Yao TD, et al. 2003. A 2326-year tree-ring record of climate variability on the northeastern Qinghai-Tibetan Plateau. Geophysical Research Letters, 30(14): 1739-1742.

Zhao M, Zhou GS. 2004. A new methodology for estimating forest NPP based on forest inventory data: A case study of Chinese pine forest. Journal of Forestry Research, 15(2): 93-100.

Zhou GS, Wang YH, Jiang YL, et al. 2002. Estimating biomass and net primary production from forest inventory data: A case study of China's Larix forests. Forest Ecology and Management, 169: 149-157.

Zu YG, Wei XX, Yu JH, et al. 2011. Response in the physiology and biochemistry of Korean pine (*Pinus koraiensis*) under supplementary UV-B radiation. Photosynthetica, 49(3): 448-458.

彩　图

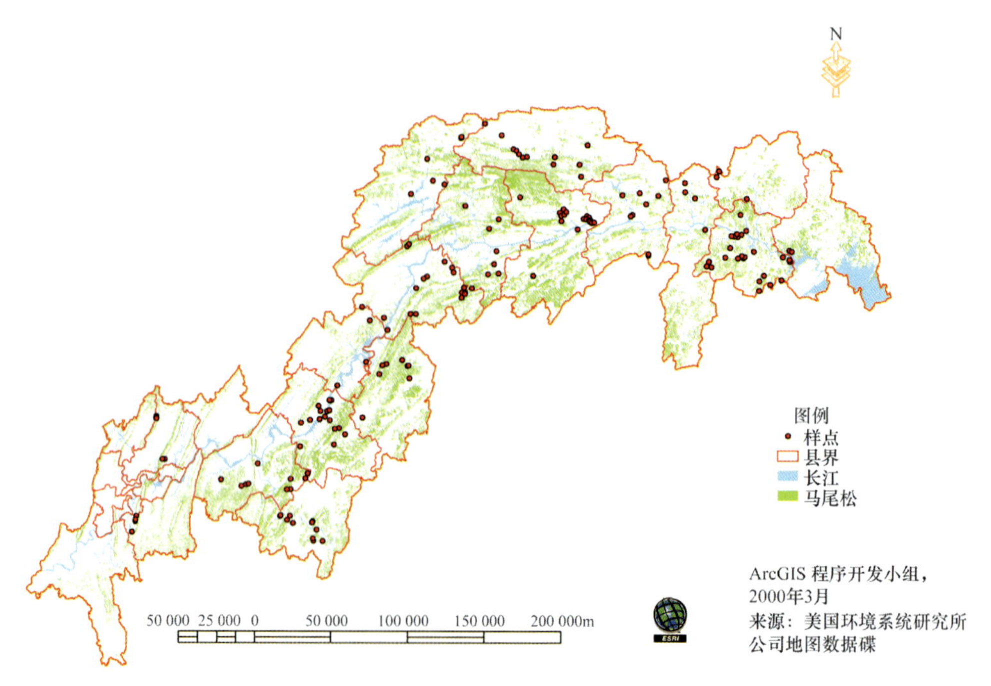

图 3-1　三峡库区马尾松分布图

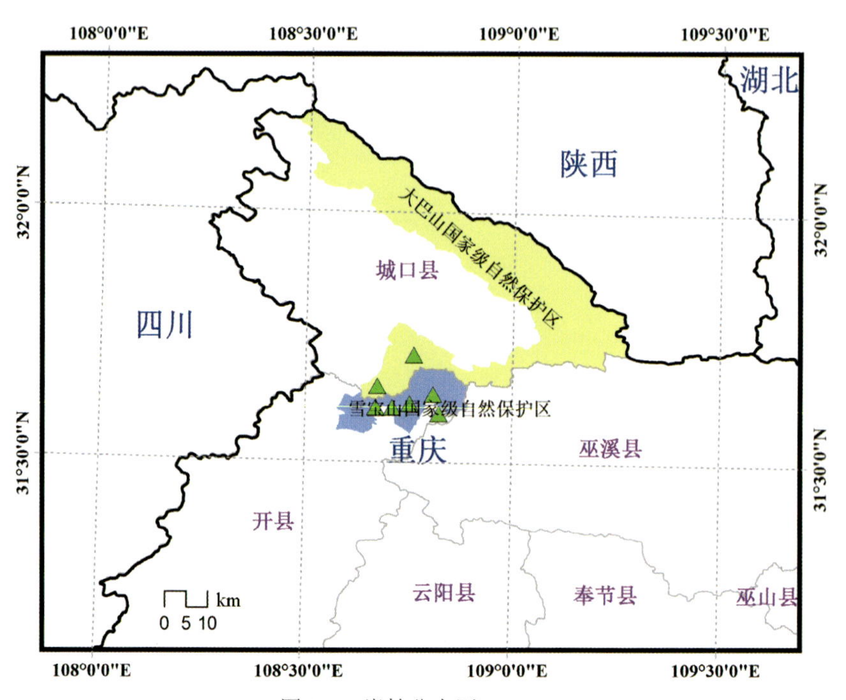

图 4-1　崖柏分布区

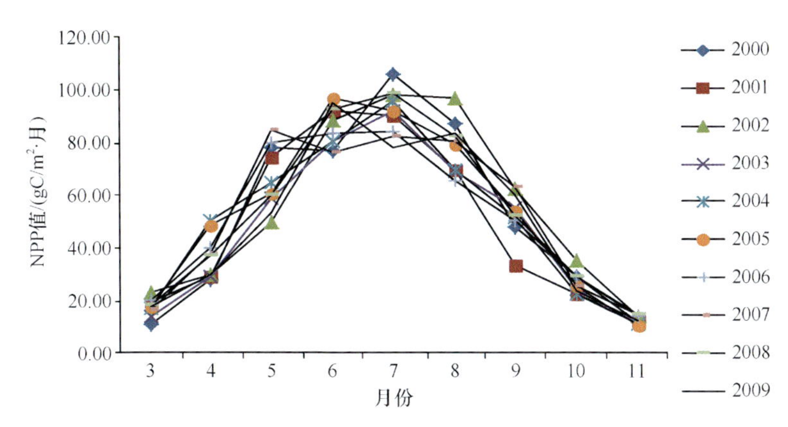

图 5-2　2000 ～ 2009 年三峡库区生长季 NPP 月平均值比较

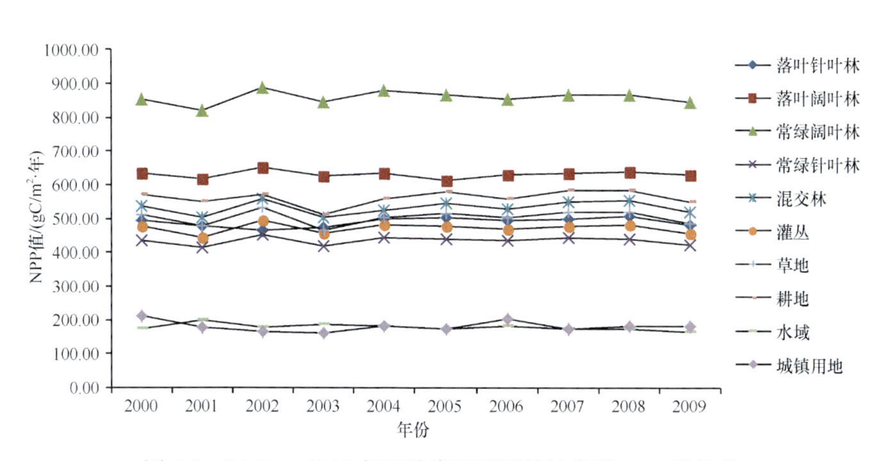

图 5-8　2000 ～ 2009 年三峡库区不同植被类型 NPP 平均值

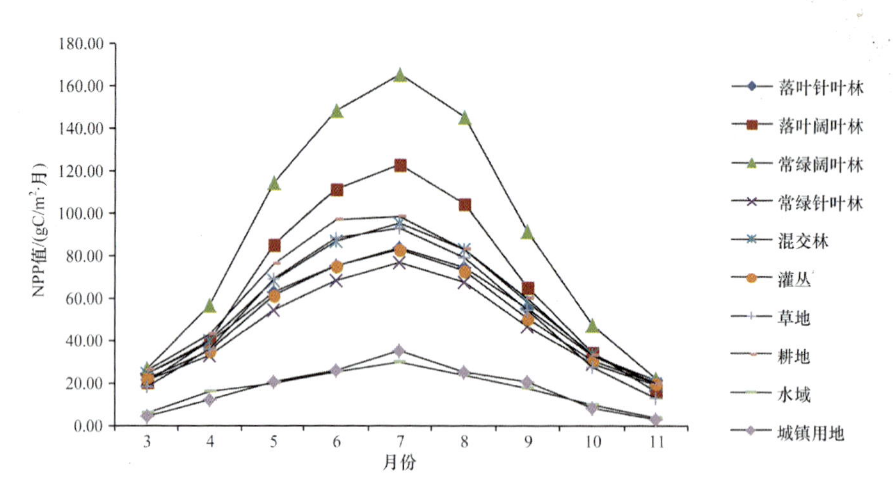

图 5-9　三峡库区不同植被类型 NPP 平均值年内分布

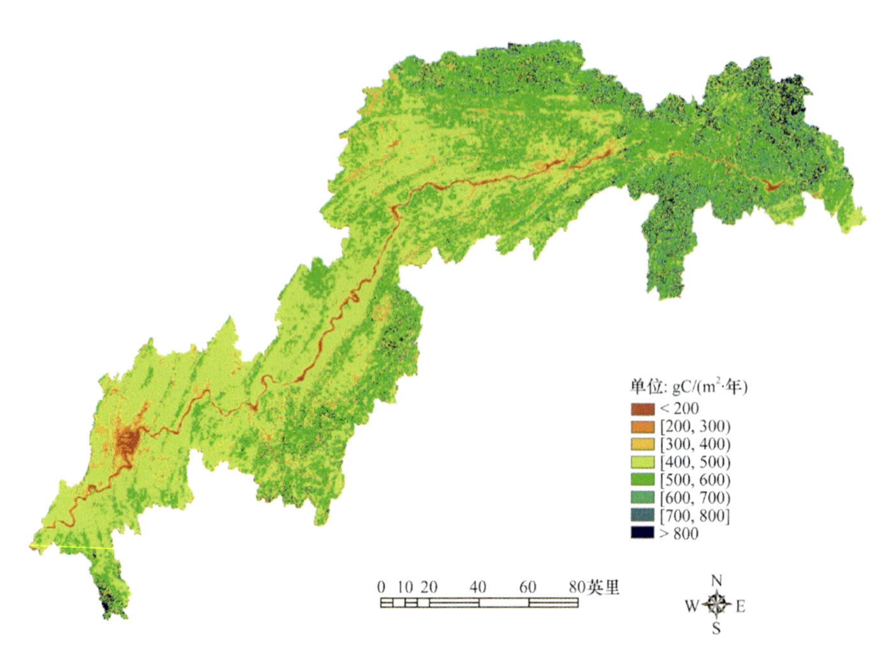

图 5-10　三峡库区 NPP 空间分布图

1 英里 =1609.344m